Andreas Kukol

Combinar a biologia e a química para combater o vírus da gripe

Andreas Kukol

Combinar a biologia e a química para combater o vírus da gripe

ScienciaScripts

Imprint

Any brand names and product names mentioned in this book are subject to trademark, brand or patent protection and are trademarks or registered trademarks of their respective holders. The use of brand names, product names, common names, trade names, product descriptions etc. even without a particular marking in this work is in no way to be construed to mean that such names may be regarded as unrestricted in respect of trademark and brand protection legislation and could thus be used by anyone.

Cover image: www.ingimage.com

This book is a translation from the original published under ISBN 978-620-2-08100-9.

Publisher:
Sciencia Scripts
is a trademark of
Dodo Books Indian Ocean Ltd. and OmniScriptum S.R.L publishing group

120 High Road, East Finchley, London, N2 9ED, United Kingdom
Str. Armeneasca 28/1, office 1, Chisinau MD-2012, Republic of Moldova, Europe
Printed at: see last page
ISBN: 978-620-8-10121-3

ÍNDICE DE CONTEÚDOS

Introdução

Os vírus são parasitas moleculares que necessitam de células hospedeiras para se replicarem. Os vírus contêm material genético encapsulado por um invólucro proteico e, por vezes, por uma membrana lipídica adicional. O material genético do vírus da gripe é o ARN e, tal como acontece com outros vírus de ARN, tem uma elevada taxa de mutação devido à ausência de capacidade de revisão da ARN polimerase viral. Além disso, um processo conhecido como rearranjo - a mistura de segmentos de genes numa célula infetada por duas estirpes de vírus diferentes - conduz à variabilidade genética. Isto permite que o vírus se adapte rapidamente às condições ambientais; as condições ambientais incluem, no caso dos agentes patogénicos humanos, a pressão do sistema imunitário ou dos medicamentos antivirais. O dispendioso e moroso processo de desenvolvimento de medicamentos pode tornar-se infrutífero num par de anos, se o vírus se tornar resistente. Assim, é importante, no início de um projeto de descoberta de medicamentos, analisar a variabilidade dos alvos dos medicamentos proteicos, a fim de concentrar os esforços nas partes evolutivamente conservadas da proteína. Embora esta seja uma abordagem geralmente aplicada, as sequências de proteínas virais apresentam desafios únicos. A determinação significativa da conservação das sequências virais requer uma consideração especial da redundância das sequências, uma vez que todas as sequências são essencialmente retiradas da mesma espécie. Além disso, os estudos deste livro combinam a conservação da sequência biológica com o potencial de ligação química do fármaco à proteína alvo. Os locais onde a conservação e o potencial de ligação a fármacos se sobrepõem são objeto de um estudo mais aprofundado. Assim, as informações sobre a sequência biológica e as informações químicas são combinadas para prever locais-alvo adequados para o fármaco em proteínas virais que provavelmente não desenvolverão resistência quando submetidas ao fármaco. Para garantir que apenas o local previsto é visado, deve ser utilizada uma abordagem de acoplamento molecular *in silico* para prever a ligação de potenciais moléculas de fármacos. Isto é exemplificado no capítulo três deste livro. Uma abordagem de laboratório húmido pode determinar a ligação de ligandos ao alvo do fármaco, mas geralmente não permite a sondagem de sítios individuais. Com os métodos de biologia estrutural, o local de ligação do ligando pode ser determinado em retrospetiva, mas o ligando pode não se ligar ao local conservado desejado determinado em análises anteriores.

Espera-se que a presente compilação de artigos publicados informe o leitor sobre as metodologias utilizadas e as armadilhas que podem ser encontradas e, em última análise, estimule mais investigação sobre outros agentes patogénicos humanos utilizando as estratégias descritas nos artigos.

Andreas Kukol

Universidade de Hertfordshire

Hatfield

dezembro de 2017

1. A ANÁLISE EM LARGA ESCALA DAS SEQUÊNCIAS DO VÍRUS DA GRIPE A REVELA POTENCIAIS SÍTIOS-ALVO DAS PROTEÍNAS NS

Vivek Darapaneni, Varun K. Prabhaker, Andreas Kukol

Escola de Ciências da Vida, Universidade de Hertfordshire, Reino Unido

Citação original: *Darapaneni, V., Prabhakar, V., & Kukol, A. (2009). A análise em grande escala das sequências do vírus da gripe A revela potenciais locais alvo de drogas de proteínas não estruturais. Journal of General Virology, 90(9), 2124-2133. DOI: 10.1099/vir.0.011270-0*

Resumo - A proteína não-estrutural 1 (NS1) do vírus da gripe A e a proteína NS2, também conhecida como proteína de exportação nuclear, desempenham papéis importantes no ciclo de vida infecioso do vírus. O objetivo deste estudo foi determinar o grau de conservação das proteínas NS e identificar locais conservados de importância funcional ou estrutural, que possam ser utilizados como potenciais locais-alvo de medicamentos. A análise baseou-se em 2620 sequências de aminoácidos para a proteína NS1 e em 1195 sequências para a proteína NS2. O grau de conservação e os potenciais locais de ligação foram mapeados para as estruturas proteicas obtidas a partir de uma combinação de fragmentos de estruturas disponíveis experimentalmente com modelos de rosca previstos. Para além da elevada conservação em regiões proteicas de função conhecida, foram identificados novos locais altamente conservados, nomeadamente Glu159, Thr171, Val192, Arg200, Glu208 e Gln218 na proteína NS1 e Ser24, Leu28, Arg66, Arg84, Ser93, Ile97 e Leu103 na proteína NS2. Utilizando o algoritmo de predição de sítios de ligação Q-SiteFinder, foram encontrados vários sítios de ligação altamente conservados, incluindo dois sítios espacialmente próximos na proteína NS1, que poderiam ser alvo de um ligando bivalente que interferisse com a ligação do ARN de cadeia dupla. No seu conjunto, este trabalho revela novos resíduos universalmente conservados que são candidatos a interações proteína-proteína e fornecem a base para a conceção de medicamentos universais anti-influenza.

1.1. Introdução

O vírus da gripe A causa uma doença respiratória que provoca uma média de 36 000 mortes por ano só nos Estados Unidos (Molinari *et al.*, 2007). Para além das epidemias que se repetem anualmente, os vírus da gripe A, que infectam espécies de aves e mamíferos, foram responsáveis por pandemias devastadoras que mataram pelo menos 40 milhões de pessoas em 1918/1919 (gripe espanhola, H1N1) (Johnson & Mueller, 2002) e por pandemias menos graves em 1957 (gripe asiática, H2N2), 1968 (gripe de Hong Kong, H3N2) e 1977 (gripe russa, H1N1) (Cox & Subbarao, 2000). As pandemias de gripe parecem ocorrer quando um vírus patogénico de tipo aviário adquire a capacidade de transmissão eficaz entre seres humanos (Horimoto & Kawaoka, 2005), o que pode ocorrer devido a mutações ou ao rearranjo de segmentos de ARN humano e aviário (Lin et al, 2000). Uma ameaça atual é o vírus H5N1 aviário, que surgiu em maio de 1997 (Claas *et al.*, 1998; Subbarao *et al.*, 1998) e causou quase 250 mortes de seres humanos até 2009, tal como indicado pela Organização Mundial de Saúde (2004). Devido à elevada taxa de mutação e à resistência emergente aos inibidores da neuraminidase (Ferraris & Lina, 2008) e à amantadina/rimantadina (Rahman *et al.*, 2008), é da maior importância investigar as proteínas virais como potenciais alvos de medicamentos.

O vírus da gripe A pertence à família *Orthomyxoviridae*. É um vírus com envelope lipídico, com um genoma de ARN de cadeia negativa organizado em oito segmentos separados, que codificam onze proteínas (revisto em Kobasa & Kawaoka, 2005; Obenauer et al, 2006). O segmento oito codifica as proteínas não-estruturais (NS), nomeadamente NS1 e NS2 (NEP). O papel principal da NS1 é antagonizar a resposta antiviral do hospedeiro, impedindo a ativação de NF-kB e a indução de interferão alfa/beta (Wang *et al.*, 2000). No entanto, a NS1 é uma proteína multifuncional que está adicionalmente envolvida (i) na inibição do processamento da extremidade 3' do pré-RNAm (Fortes *et al.*, 1994) através da ligação a dois factores de processamento da extremidade 3', nomeadamente o fator de especificidade de clivagem e poliadenilação e a proteína II de ligação a poli (A) (Chen *et al.*, 1999; Nemeroff *et al.*, 1998); (ii) no bloqueio do processamento pós-transcricional e da exportação nuclear do RNAm celular (Fortes *et al*, 1994); (iii) estimulando a tradução de proteínas da matriz (M1) (Enami *et al.*, 1994; Marion et *al.*, 1997); (iv) inibindo a ativação de uma proteína quinase que fosforila o fator de iniciação da tradução elf-2 ligando-se ao ARN de cadeia dupla (Lu *et al*, 1995; Aragon *et al.*, 2000); (v) indução da via de sinalização da fosfatidilinositol-3-quinase (PI3K)/Akt, a fim de apoiar a replicação do vírus (Ehrhardt et *al.*, 2006; 2007). A proteína NS1 tem 230-237 resíduos de aminoácidos, dependendo da estirpe, e tem uma massa molecular de aproximadamente 26 kDa (revisto em Hale *et al.*, 2008b). Os resíduos 1-73 formam um domínio de ligação ao ARN terminal N (RBD) e os resíduos 74-230 formam um domínio efector terminal C (ED). A proteína completa existe provavelmente como um homodímero (Nemeroff *et al.*, 1995). As regiões específicas de importância funcional que foram identificadas são (Hale *et al.*, 2008b): região de ligação ao ARN (resíduos 1-73); região de ligação ao fator de especificidade de clivagem e poliadenilação 4 (CPSF4) (resíduos 175-210); região de ligação à proteína de ligação poli (A) (PABPN1) (resíduos 218-225); sinal de localização nuclear 1 (resíduos 34-38); sinal de localização nuclear 2 (resíduos 211216); sinal de exportação nuclear (resíduos 132-141); regiões que interagem com a subunidade reguladora p580 da PI3K (resíduos 89-93, 137-142, 164-167) (revisto em Ehrhardt & Ludwig, 2009).

Anteriormente, considerava-se que a proteína não estrutural 2 (NS2) estava presente apenas nas células infectadas, até se demonstrar que existia na partícula viral (Richardson & Akkiina, 1991). Por conseguinte, a NS2 não é estritamente uma proteína não estrutural e é também referida como proteína de exportação nuclear (NEP), de acordo com o seu papel na mediação da exportação de ribonucleoproteínas virais do núcleo para o citoplasma através de sinais de exportação nuclear e da interação independente com a proteína de manutenção da região cromossómica humana Crm1 (O'Neill *et al.*, 1998; Neumann *et al.*, 2000). A proteína NS2 está potencialmente envolvida na montagem do vírus através da sua interação com a proteína M1, que desempenha um papel fundamental na montagem do vírus (revisto em Schmitt e Lamb, 2005). É constituída por 121 resíduos de aminoácidos e tem uma massa molecular de aproximadamente kDa (Greenspan *et al.*, 1985). As regiões de importância funcional na proteína NS2 que foram registadas (Boutet *et al.*, 2007; O'Neill *et al.*, 1998) são a região de ligação à proteína Influenza M1 (resíduos 59-116) (Ward et al., 1995; Akarsu *et al.*, 2003) e um sinal de exportação nuclear (resíduos 11 a 23).

Atualmente, não existem medicamentos licenciados que visem as proteínas NS do vírus da gripe A, mas foram identificados compostos que actuam contra a proteína NS1 utilizando um ensaio baseado em leveduras (Basu *et al.*, 2009) e foi utilizado um rastreio de elevado rendimento para visar a interação entre a proteína NS1 e o ARN viral (Maroto *et al.*, 2008). Os objectivos do presente estudo consistiam em identificar o grau de conservação entre todos os subtipos de vírus da gripe A, de modo a sugerir potenciais locais-alvo de medicamentos. Além disso, foram obtidos modelos das estruturas proteicas completas e o grau de conservação foi mapeado nas estruturas proteicas. Juntamente com uma análise da bolsa de ligação, sugerimos potenciais locais de ligação, que podem definir locais de interação in vivo, bem como fornecer pontos de partida para a conceção de novos medicamentos antigripais.

1.2. Métodos

1 .2.1. Análise das sequências e previsão da estrutura das proteínas

T s sequências proteicas das proteínas NS foram obtidas a partir do recurso de vírus da gripe do Centro Nacional de Informação Biotecnológica (NCBI) (Bao *et al.*, 2008). Foram selecionadas sequências completas de todos os subtipos, todos os hospedeiros e todas as linhagens até ao ano 2008 (inclusive), tendo sido eliminadas as sequências idênticas. Os alelos A e B da proteína NS1 (Baez et *al.*, 1981) foram analisados em conjunto. O alinhamento múltiplo de sequências foi efectuado com o programa MUSCLE 3.6 (Edgar, 2004), utilizando os parâmetros predefinidos para um alinhamento mais preciso, o que envolveu vários refinamentos do alinhamento até não se conseguir mais nenhuma melhoria, resultando normalmente em 20-24 iterações. A visão geral do alinhamento de sequências múltiplas foi efectuada com o Jalview (Clamp *et al.*, 2004). Os gráficos de conservação de sequências foram efectuados com o programa plotcon p do pacote EMBOSS (Rice *et al.*, 2000), utilizando um tamanho de janela de 10 e a matriz de comparação predefinida EBLOSUM62. Foi prevista uma estrutura proteica completa para a sequência NS1 do isolado da gripe A/Indonésia/CDC1032N/2007 (H5N1) com o servidor I-TASSER (http://zhang.bioinformatics.ku.edu/I-TASSER/) (Zhang, 2008). O isolado foi selecionado como um exemplo recente de um vírus H5N1 que infectou um ser humano. O I-TASSER utiliza alinhamentos múltiplos e simulações iterativas e foi o método de previsão mais bem classificado no recente exercício de Avaliação Crítica da Previsão da Estrutura das Proteínas (CASP8) (Zhang, 2008). A fiabilidade dos resultados da previsão de estruturas é indicada pelo TM-score, que é um número entre [0, 1], sendo que um TM-score inferior a 0,17 indica um modelo aleatório, enquanto um TM-score > 0,5 corresponde a duas estruturas de topologia semelhante (Zhang & Skolnic, 2004). O modelo final da estrutura da proteína NS1 foi gerado pela substituição de 82% dos resíduos da estrutura prevista (resíduos 5-74 e 80197) pela estrutura determinada experimentalmente PDB-ID 3F5T (Bornholdt & Prasad, 2008). Foi obtido um modelo da proteína NS2 a partir da sequência NS2 do mesmo isolado com I-TASSER. O modelo final foi gerado pela substituição de 48% da estrutura prevista (resíduos 59-116) pela estrutura experimental PDB-ID 1PD3 (63-116) (Akarsu *et al.*, 2003).

1.2.2. Identificação de regiões conservadas

As regiões conservadas foram identificadas e cartografadas nas estruturas proteicas utilizando o servidor ConSurf baseado na Web (http://consurf.tau.ac.il/) (Glaser *et al.*, 2003; Landau *et al.*, 2005), fornecendo como entrada o alinhamento de sequências múltiplas e o ficheiro da estrutura proteica. O grau de conservação é subdividido em nove graus, sendo o grau 1 o mais baixo e o grau 9 o mais conservado. Os locais de ligação do ligando (LBS) foram identificados com o Q-SiteFinder (Laurie & Jackson, 2005) (http://www.modelling.leeds.ac.uk/qsitefinder/) que avalia a energia de interação entre uma sonda de van der Waals -CH$_3$ e a proteína (Laurie & Jackson,

2005). Os sítios de ligação resultantes foram formados a partir de grupos de sondas e classificados de acordo com a soma das energias de ligação totais para cada grupo. Os resultados do ConSurf e do Q-SiteFinder foram combinados de modo a mostrar simultaneamente a conservação e o LBS. Os resultados ConSurf-Q-SiteFinder foram obtidos projectando o resultado ConSurf nas estruturas que contêm os LBS obtidos a partir do servidor Q-SiteFinder (referido como método Q- SiteFinder-ConSurf).

As estruturas atómicas das proteínas com pontuações de conservação e locais previstos de ligação de ligandos serão disponibilizadas mediante pedido.

1.3. Resultados

1.3.1. Alinhamento múltiplo da sequência de proteínas

Para a proteína NS1, foram obtidas 2620 sequências a partir do recurso de vírus Influenza do NCBI (Bao *et al.*, 2008), que provinham principalmente de vírus aviários (64%) e humanos (24%). Relativamente à proteína NS2, foram obtidas 1195 sequências, que eram principalmente compostas por sequências aviárias (66%) e humanas (24%). A visão geral do alinhamento de sequências múltiplas apresentada na figura 1 revela que as sequências tinham um elevado grau de semelhança, apesar de serem provenientes de diferentes linhagens do vírus da gripe A. Em geral, a conservação da sequência de ambas as proteínas foi do mesmo nível, mas a proteína NS1 apresentou maiores variações do padrão de conservação do que a proteína NS2. Em particular, no resíduo 79 da sequência NS1 registou-se uma baixa conservação, tal como indicado pelo baixo valor de semelhança e pelas cores claras na figura 1A. Este facto foi causado por uma supressão da sequência de aminoácidos [T,A][I,M]ASV no resíduo 79, o que acontece em 20% das sequências analisadas, incluindo a sequência da estrutura experimental da proteína NS1 (PDB-ID 3F5T). Ao discutir resíduos individuais, incluímos a contagem da supressão de 5 resíduos de acordo com as convenções actuais, ou seja, o resíduo 105 da NS1 na nossa estrutura é contado como resíduo 110. Ambas as proteínas apresentaram uma baixa conservação no terminal C.

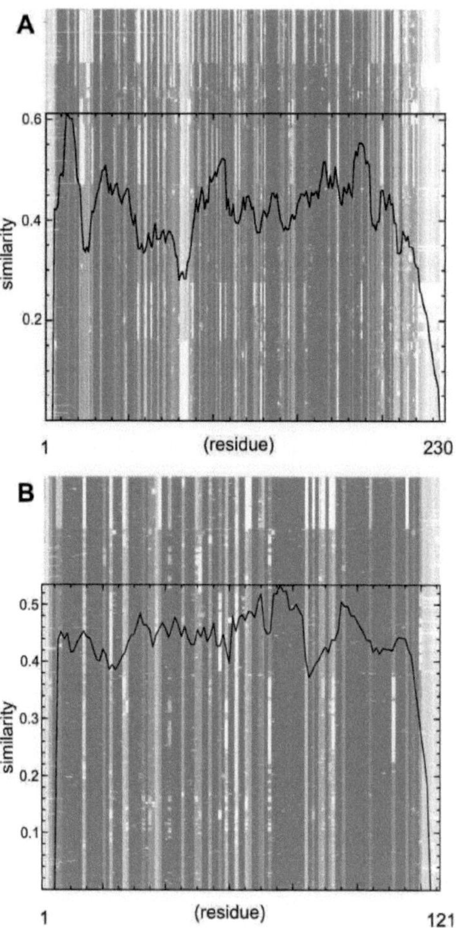

Figura 1-1: *Visão geral do alinhamento de sequências múltiplas*
para a proteína NS1 (A) e a proteína NS2 (B). Os tons mais escuros no alinhamento mostram um maior grau de identidade de sequência, enquanto o gráfico de linhas mostra o grau de conservação dentro de uma janela de dez resíduos. Esta figura foi feita comJalview (Clamp et al., 2004) e plotcon do pacote EMBOSS (Rice et al., 2000).

1.3.2. Estruturas proteicas

A estrutura proteica prevista para a proteína NS1 foi obtida com uma pontuação TM- de $0,57 \pm 0,15$ do servidor de previsão de proteínas (Zhang, 2008). Para melhorar a precisão do modelo, a maior parte das partes do modelo previsto foram substituídas pela estrutura definida experimentalmente (Bornholdt & Prasad, 2008), deixando os resíduos N-terminais 1-5 e os resíduos C-terminais 198-225 da estrutura modelada. Por esse motivo, a estrutura NS1 era praticamente idêntica à estrutura anterior de cristalografia de raios X, que é aqui brevemente descrita para facilitar a análise posterior. A estrutura de dois domínios é evidente a partir da estrutura tridimensional apresentada na figura 2A. O domínio N-terminal do domínio de ligação ao ARN (RBD), representado no lado direito, é composto por duas longas hélices a antiparalelas unidas por uma volta, seguidas de uma terceira hélice mais curta num ângulo de 90° em relação ao primeiro feixe de duas hélices. A ligação do domínio estende-se de aproximadamente Glu70 a Tyr84. O domínio efector C-terminal (ED) é formado por uma folha beta antiparalela de 5 cadeias, enquanto uma sexta cadeia mais curta está orientada de forma paralela. Uma a-hélice de Thr170 a Asn188 está encostada a esta superfície formada pelas folhas в. Adicionalmente, existem elementos a-helicoidais e de folha 0 mais curtos nesta estrutura. A parte C-terminal de Trp203 a Val230, que foi baseada na previsão, forma uma folha 0 antiparalela curta seguida por uma a-hélice de Gln218 a Glu229.

O modelo NS2 foi obtido a partir do I-TASSER com um TM-score de 0,61 ± 0,14, o que indica um modelo fiável com um desvio quadrático médio estimado das coordenadas atómicas em relação à estrutura verdadeira de 6,1 ± 3,8 Â. A estrutura da proteína após a substituição dos resíduos 63-116 pelo fragmento determinado experimentalmente (Akaruso et al., 2003) é apresentada na figura 2B. A principal caraterística estrutural é um feixe de quatro hélices composto por dois pares de a-hélices antiparalelas. A estrutura prevista dos resíduos N-terminais 1-62 é composta por duas a-hélices antiparalelas (hélice um e dois) que se encostam às outras duas hélices antiparalelas (três e quatro). Entre a hélice dois e a hélice três existe um troço de resíduos que vai de Glu47 a Gln67, formando uma hélice a curvilínea curta seguida de uma ansa.

1.3.3. Resíduos conservados

Os resíduos conservados na proteína NS1 e na proteína NS2 foram identificados utilizando o servidor ConSurf (Glaser *et al.*, 2003; Landau *et al.*, 2005) e são apresentados no quadro 1. Os resíduos altamente conservados dos graus 7-9 e os resíduos variáveis dos graus 1-3 foram agrupados na tabela 1.

Quadro 1-1: *Resíduos conservados e resíduos variáveis das proteínas NS1 e NS2 identificados utilizando o servidor ConSurf (Glaser et al., 2003; Landau et al., 2005)*

Residues	NS1 protein	NS2 protein
Conserved*	Met1, Asp2, THR5, Ser8-His17, Arg19. Lys20, Ala23. Asp24. Gly28-Phe32. Asp34. Arg35. Arg37-Asp39. Gln40. Ser42. Leu43. Gly45. Arg46. Thr49. Leu50. Ile54. Ala57. Thr58. Gly61. Ile64. Leu69. Glu72. Tyr89**. Asp92. Met93. Glu97-Arg100. Trp102. Met104. Leu105. Pro107. Gln109. Lys110. Leu115. Ile117. Asp120-Ala122. Lys126. Ile128. Leu130-Val136. Leu141. Leu144. Leu146-Thr151. Gly154. Val157-Pro162. Ser165. Gly168. His169. Glu172-Lys175. Ala177. Ile178, Leu181, Ile182. Gly184, Glu186-Asn188. Asn190-Val192, Ser195. Glu196. Gln199-Phe201, Trp203, Gln208. Gln218	Met1, Thr5, Ser8-Gln10. Ile12, Arg15-Ser17. Lys18. Gln20. Leu21. Ser24. Ser25. Leu28. Gly30. Thr33. Ser37. Leu38. Tyr41-Asp43. Leu45. Gly46. Met50. Arg51. Gly53. Asp54. Gln59. Arg61. Asn62. Trp65 Arg66. Leu69. Lys72-Glu75. Arg77-Ile80. Gly82. Arg84. Leu87. Thr90. Glu91. Ser93-Phe99. Gln101-Leu106. GLu108-Glu110. Glu112. Arg114, Ser117. Gln119. Ile121
Variable*	Ser3. Val6. Phe22, Glu26. Leu27, Lys44, Gly47. Asn48. Asp53. Glu55. Arg59. Ala60. Gln63. Arg67. Glu70. Glu71. Asp74-Leu77. Lys79-Arg83**. Leu90. Leu95. Asp101. Phe103. Val111. Ala112. Cys116. Met124. Asp125. Thr127. Ile129. Ile137-Gly139. Glu152. Glu153. Ala155. Gly171. Val180. Leu185. Thr197. Arg204-Gly206. Asp209-Asn217. Arg220. Lys221. Arg224. Ile226. Glu227. Val230	Ser3. Val6, Val14, Ala22. Ser23. Glu26. Asp27. Met31, Gln34, Gly36, Lys39. Leu40. Asp47-Val49. Met52. Phe55. Phe58. Ile60. Gly63. Lys64. Glu67. Ser70. Val83. His85. Arg86. Lys88. Ile89. Leu107. Phe116. Phe118

** Os resíduos conservados, classificados pelo servidor ConSurf com os graus 7-9 e os resíduos variáveis classificados com os graus 1-3, são agrupados.*

1 Os números de resíduos para o domínio efector são numerados convencionalmente, contando a supressão de cinco resíduos.

As pontuações de conservação foram mapeadas para a espinha dorsal da proteína na figura 2 e num modelo de preenchimento de espaço na figura 3. No RBD

N-terminal da proteína NS1, os resíduos altamente conservados (grau 9) estão localizados na parte interna do feixe de duas hélices que enfrenta o ED C-terminal. Em particular, a hélice dois de Asp29 a Thr49 mostra uma periodicidade helicoidal no número de resíduos mais conservados, nomeadamente Pro31, Arg35, Asp39, Ser42, Arg46 e Thr49. Um padrão de conservação semelhante, mas menos distinto, está presente na primeira hélice N-terminal.

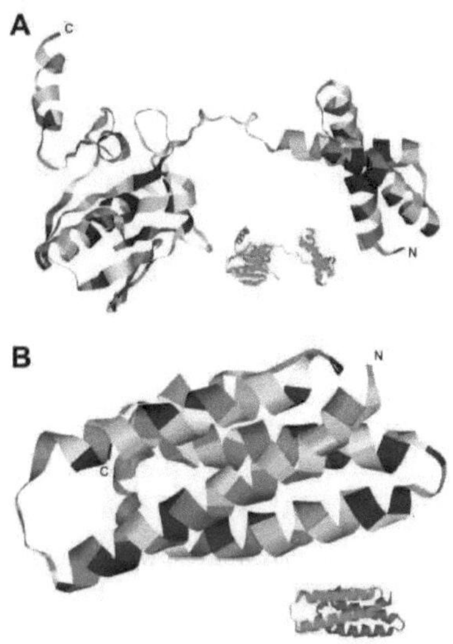

Figura 1-2: Modelos de fita de espinha dorsal da proteína NS1 (A) e da proteína NS2 (B). A fita foi colorida com pontuações de conservação obtidas a partir do ConSurf. Os terminais N e C estão indicados. Os códigos de cores são explicados na figura 3. A inserção mostra a verde as partes das estruturas que são conhecidas a partir de experiências, enquanto as partes previstas são mostradas a cinzento. Esta figura foi feita com RasMol (Sayle & Milnerwhite, 1995; Bernstein, 2000).

A região de ligação apresenta um grau de conservação substancialmente inferior, com apenas Leu69 e Glu72 na categoria de grau 7. A ED C-terminal apresenta resíduos conservados e resíduos variáveis em várias posições. Um resíduo altamente conservado (grau 9) é o Met93, que, com três excepções, está presente em todas as sequências analisadas. Segue-se uma curta a-hélice que contém os resíduos conservados Glu97-Arg100 (tabela 1). Após uma sucessão de resíduos altamente conservados (grau 9) Trp102, Met104 e Pro107 que estão muito expostos à superfície, encontrámos uma conservação significativa ao longo da terceira, quarta e quinta folhas в antiparalelas, nomeadamente Leu130-Val136, Leu146- Thr151 e Val157-Pro162. Uma a-hélice é colocada contra a superfície formada pelas folhas в antiparalelas. Os resíduos conservados nesta hélice tendem a estar localizados na interface de empacotamento entre a hélice e a superfície formada pelas folhas в, em particular Val174, Ala177, Leu181 e Gly184 . Estes resíduos estabilizam muito provavelmente a estrutura por interações hidrofóbicas. No final desta hélice, encontrámos uma caraterística conservada de Glu186-Asn188 que não está envolvida em interações intra-proteicas com Trp187 na categoria de grau 9. Outros resíduos altamente conservados são Asn190, Gln199, Arg200 e Gln218, que é o único resíduo conservado no início da a-hélice terminal C.

Na proteína NS2, a parte mais conservada é a hélice C-terminal de Ser93 a Arg114. As outras partes da estrutura prevista contêm resíduos altamente conservados em várias posições, incluindo as voltas e os loops que unem as a-hélices, nomeadamente Ser24 e Trp65-Arg66. Alguns resíduos altamente conservados são acessíveis a partir do exterior, como Ser17, Leu21, Trp65, Arg66, Glu75, Trp78, enquanto outros estão enterrados no interior.

1.3.4. Locais previstos de ligação do ligando

Entre os dez melhores sítios de ligação de ligandos (LBS) registados pelo Q-SiteFinder (Laurie & Jackson, 2005), foram escolhidos cinco LBS com base no número de resíduos conservados em torno do LBS, que são apresentados no quadro 2. Note-se que os sítios não estão numerados sequencialmente, mas os números representam a classificação original comunicada pelo Q-SiteFinder, sendo o sítio de ligação com a classificação mais elevada indicado como sítio número um. Na proteína NS1, o sítio 1 localizado no domínio efector (ED) contém cinco resíduos altamente conservados (grau 9), nomeadamente Tpr102, Met104, Asp119, Arg148 e Glu159. O sítio 2 está localizado no RBD N-terminal e contém oito resíduos conservados, dos quais Asp12, Arg19, Pro31, Arg35 e Asp39 são altamente conservados. Estão situados no interior das duas primeiras hélices da RBD, viradas para o ED. O sítio 5 está localizado no ED, formando uma fenda entre duas das folhas 0 antiparalelas e a hélice a longa. A Met104 e a Asp120 que rodeiam este sítio estão na categoria de conservação mais elevada, enquanto a Gln109, a Lys110, a Ile117, a Gln121 e a Gly184 também estão conservadas. O local 6 é outro local de ligação identificado no domínio RBD N-terminal que contém dez resíduos conservados, dos quais Ser8, Arg38, Asp39, Ser42 e Arg46 são os altamente conservados. À semelhança do sítio 2, o sítio 6 está localizado no lado das duas longas hélices N-terminais viradas para o ED. O local 9 é formado por resíduos do RBD da hélice a longa e da hélice a curta, orientados para a região de ligação do domínio. Contém seis resíduos conservados, dos quais Leu69 é o resíduo altamente conservado.

Na proteína NS2, o local 1 forma uma fenda profunda no interior do feixe de quatro hélices e é acessível a partir do ápice do feixe. O local 1 está rodeado por dezanove resíduos conservados, dos quais Met1, Leu38, Tyr41, Glu75, Thr98, Ala102 e Leu103 são altamente conservados. O local 2 está enterrado no interior do feixe helicoidal, mas é acessível lateralmente. Contém nove resíduos conservados, dos quais Leu38 e Tyr41 são resíduos altamente conservados. O sítio 7 está localizado na superfície da proteína numa posição apical e contém quatro resíduos conservados, dos quais Arg84 é altamente conservado. O sítio 8 está localizado no ápice oposto ao sítio 7. Contém dois resíduos conservados, dos quais Trp65 e Arg66 são os resíduos altamente conservados. Nomeadamente, o local 7 e o local 4 têm uma carga positiva substancial. O local 10 é formado por resíduos das duas hélices N-terminais e está aberto para o exterior. Contém cinco resíduos conservados, dos quais Gly61 é o resíduo altamente conservado. Os resultados combinados da conservação da sequência e dos locais de ligação previstos, aqui referidos como o método Q-SiteFinder-ConSurf, são apresentados na figura 3.

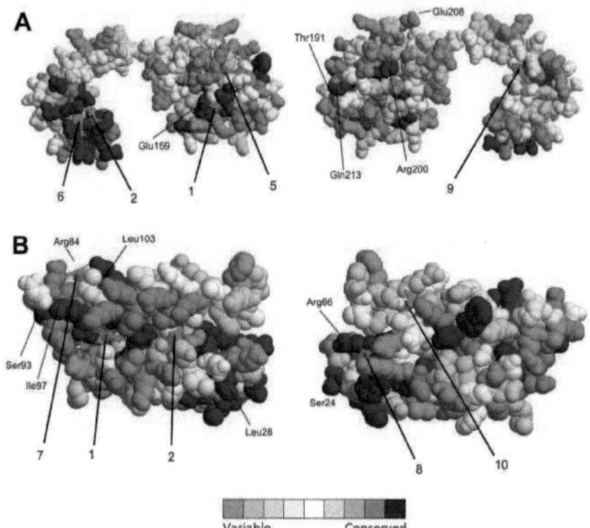

Figura 1-3: *Pontuação de conservação e sítios de ligação previstos mostrados numa representação espacial da proteína NS1 (A) e da proteína NS2 (B). Cada proteína é mostrada em duas orientações (com rotação de 180°). Os locais de ligação são mostrados em formato de bastão colorido a verde. Esta figura foi feita com RasMol [32, 33].*

**Tabela 1-2:** Sítios de ligação de ligandos previstos para as proteínas NS1 e NS2

Site*	Residues in the ligand binding sites of the NS1 protein	Site volume ($Å^3$)	Site*	Residues in the ligand binding sites of the NS2 protein	Site volume ($Å^3$)
1	Trp102- Met104, Lys118-Asp120, Ile123, Arg148, Ile156-Glu159**	165	1	Met1, Ser8, Phe9, Ile12, Leu38, Leu40, Tyr41, Ser44, Leu45, Glu47, Ala48, Glu75, Ile76, Leu79, Ile80, Val83, Arg86, Glu95, Thr98, Phe99, Gln101, Ala102, Leu103, Leu105, Leu106, Val109	466
2	Asp12, Leu15, Trp16, Arg19, Pro31- Leu33, Arg35, Leu36, Asp39	229	2	Ile12, Met16, Thr33, Gln34, Ser37, Leu38, Tyr41, Lys72, Ile76, Val109, Glu112, Ile113	192
5	Met104, Lys108, Gln109, Lys109, Ile117, Lys118, Met119, Asp120, Gln121, Val180, Gly184**	188	7	Arg84, Leu87, Lys88, Glu91, Gln96, Met100	119
6	Thr5, Val6, Ser8, Phe9, Trp16, Arg38, Asp39, Ser42, Leu43, Arg46, Leu50	198	8	Lys64, Trp65, Arg66, Glu67	108
9	Phe14, Leu15, His17, Val18, Gly61, Lys62, Val65, Glu66, Leu69	146	10	Leu69-Gln71, Phe73, Glu74, Glu110, Ile113, Arg114, Ser117	92

* Os sítios estão numerados de acordo com a classificação obtida no Q-SiteFinder. Apenas são referidos aqui os sítios que estão próximos de resíduos conservados identificados pelo ConSurf.

1 Os números de resíduos para o domínio efector são numerados convencionalmente, contando a supressão de cinco resíduos.

4. Discussão

4.1. Estruturas proteicas

O objetivo deste estudo foi determinar o grau de conservação das proteínas não estruturais entre os vírus da gripe A e identificar locais de importância funcional ou estrutural anteriormente desconhecidos, que podem também constituir potenciais locais-alvo de medicamentos. A estrutura proteica da proteína NS1 baseou-se em grande medida numa estrutura de raios X publicada recentemente (Bornholdt & Prasad, 2008). Relativamente à proteína NS2, apenas a estrutura do fragmento C-terminal dos resíduos 63-116, que forma duas hélices a antiparalelas, era conhecida anteriormente (Akarsu *et al.*, 2003), enquanto o fragmento N-terminal resistiu a todos os esforços de cristalização. Na estrutura de raios X, o fragmento C-terminal foi obtido como um dímero, enquanto a proteína NS2 completa é monomérica (Lommer & Luo, 2002). Este facto foi explicado de forma convincente pela interação entre os resíduos hidrofóbicos agrupados num dos lados da espiral helicoidal. O nosso modelo completo previsto explica a existência de monómeros, uma vez que a superfície hidrofóbica do hairpin helicoidal C-terminal é igualada por uma superfície hidrofóbica do hairpin N-terminal. O nosso modelo NS2 do fragmento N-terminal é muito provavelmente uma de várias conformações, uma vez que se demonstrou que existe numa conformação muito flexível (Lommer & Luo, 2002).

4.2. Conservação da sequência e sítios de ligação da proteína NS1

Os alelos A e B dos genes NS1 de todos os hospedeiros foram analisados em conjunto, a fim de identificar caraterísticas universalmente conservadas de vírus potencialmente pandémicos que pudessem resultar da recombinação de vírus humanos e aviários. Os resíduos conservados detectados nas proteínas NS podem ter um significado funcional na interação com outras proteínas e ARN, podem ser importantes para estabilizar a estrutura da proteína (Schueler-Furman & Baker, 2003) ou podem ser conservados ao nível dos nucleótidos como sinais de empacotamento (Gog et *al.*, 2007). No caso da proteína NS1, os resíduos RBD Arg38 e Lys41 estão implicados na ligação do dsRNA (Wang *et al.*, 1999) e, juntamente com Arg35, formam uma sequência de localização nuclear (Greenspan *et al.*, 1988). Arg35 e Arg38 são altamente conservados (grau 9), enquanto Lys41, com grau 5, não está entre os resíduos mais conservados. Arg38 e Lys41 estão também implicados na inibição da produção de ARNm do interferão β- por interação direta com uma RNA helicase, o sensor citoplasmático de agentes patogénicos RIG-I (Opitz *et al.*, 2007; Pichlmair *et al.*, 2006). Além disso, foi demonstrado que a mutação da altamente conservada Ser42 pode reduzir a virulência do vírus (Donelan *et al.*, 2003), possivelmente antagonizando as vias de resposta do interferão do hospedeiro. Os grupos de resíduos básicos e hidrofílicos altamente conservados no interior do RBD, virados para o ED, estão envolvidos na ligação do dsRNA (Wang *et al.*, 1999; Yin *et al.*, 2007). O domínio efector (ED) apresenta um grau de conservação semelhante. Alguns dos resíduos altamente conservados do ED, que estão enterrados no interior, desempenham muito provavelmente um papel na estabilização da estrutura da proteína, como Ala132, Leu144, Ala149, Ile160, Ala177 e Leu181. Foi relatado que os resíduos 81-113 interagem com um fator de iniciação da tradução eIF4F (Aragon *et al.*, 2000). Com base na presente análise, postulamos que os resíduos conservados Tyr89, Ser99, Met104, Leu105, Pro107, Gln109 e Lys110 estão envolvidos na interação com o eIF4F, enquanto outros resíduos altamente conservados nesta região, como Met93 e Trp102, estão a estabilizar a estrutura, uma vez que não estão tão expostos à superfície como os resíduos anteriores. Juntamente com Tyr89, foi proposto que um resíduo Met93 se ligasse ao domínio SH2 terminal C da isoforma p850 da quinase lipídica PI3K (Hale *et al.*, 2006). De facto, Tyr89 e Met93 são conservados, enquanto Met93 está parcialmente enterrado no interior da proteína e Tyr84 está muito exposto à superfície. Outros resíduos envolvidos na interação com p850 incluem 159 e 162 (Shin et *al.*, 2007). Tanto o Pro159 como o Pro162 estão expostos à superfície, mas não são altamente conservados, mas rodeiam um Ser160 altamente exposto à superfície e conservado, que pode ser o local-chave envolvido nesta interação.

Além disso, foi demonstrado que o vírus da gripe aviária hiperactiva a PI3K ao ligar-se às proteínas de sinalização Crk e/ou CrkL (Heikkinen *et al.*, 2008). Isto envolve os resíduos 207-212, que estão expostos à superfície mas são altamente variáveis. A elevada variabilidade destes resíduos demonstra claramente que esta interação não é universal para todos os vírus da gripe A, mas restringe-se aos vírus da gripe aviária, tal como referido anteriormente. A proteína NS1 tem sido implicada na inibição da maturação do ARNm através da interação com a proteína de ligação a poli(A) II (PABPII) (Chen *et al.*, 1999) e o fator de especificidade de clivagem e poliadenilação (CPSF30) (Twu *et al.*, 2006). Entre os resíduos que interagem com a PABPII (218-232), não existe uma conservação significativa. Alguns dos resíduos que interagem com a subunidade CPSF30 do complexo de poliadenilação são altamente conservados, nomeadamente Leu144, Gly184, Glu186, Asn188 e o Tpr187, altamente exposto à superfície. Foi demonstrado que os resíduos 123-127 interagem com uma proteína quinase R (PKR) serina/treonina dependente de dsRNA (Min *et al.*, 2007). Estes resíduos estão expostos à superfície e a Lys126 é conservada (grau 8), enquanto os outros resíduos são variáveis. Na recente estrutura cristalina da proteína NS1 (Bornholdt & Prasad, 2008) foi observada a formação de oligómeros de cadeia longa, com base em interações electrostáticas e ligações de hidrogénio entre os resíduos Lys131/Glu97, Thr91/Arg193, Glu196/Arg200, Glu152/Leu95, Glu96/Glu152. Entre esses resíduos, encontramos apenas Glu97 e Arg200 altamente conservados (grau 9), enquanto houve conservação moderada (grau 7) dos resíduos Lys131 e Glu196. Os resíduos Glu152 e Leu95 são muito variáveis. Por conseguinte, é menos provável que a formação de oligómeros seja uma caraterística comum das proteínas NS1 *in vivo*.

Para além de identificar os resíduos envolvidos em interações conhecidas, é possível obter uma visão significativa de novas interações proteína-proteína e de novos potenciais locais-alvo de medicamentos se nos centrarmos em resíduos altamente conservados, que não se sabe, com base em estudos anteriores, que estejam envolvidos em quaisquer interações. Exemplos disso são Glu159 localizado no domínio ED numa folha 0, Thr191/Val192 localizado numa ansa exposta, Arg200 numa hélice a curta, Glu208 localizado numa curva exposta e Gln218, o único resíduo altamente conservado na hélice a terminal C (figura 3A).

Para além dos resíduos expostos na superfície da proteína NS1 que podem encaixar em sítios de ligação de outras proteínas, a proteína NS1 contém bolsas de ligação rodeadas por resíduos conservados (figura 3A). O sítio de ligação com a classificação mais elevada, indicado pelo Q-SiteFinder, está rodeado pelos resíduos altamente conservados Trp102, Met104, Asp120, Arg148, Gly158 e Glu159, alguns dos quais se encontram na região que interage com o fator de iniciação da tradução eIF4F (ver acima). Este sítio poderia constituir um alvo potencial para inibidores de pequenas moléculas das interações proteína-proteína (Twu *et al.*, 2006). Os sítios de ligação dois e seis estão localizados entre resíduos altamente conservados no RBD, como Arg19, Arg35 e Arg46. Estes locais de ligação estão espacialmente próximos, com uma distância de cerca de 1 nm. Isto tornaria possível conceber inibidores bifuncionais que visassem ambos os sítios simultaneamente e interferissem potencialmente com a ligação do dsRNA. O sítio de ligação cinco está próximo dos resíduos conservados Gln109, Lys110, Gln121 e Gly184, alguns dos quais podem interagir com o fator de iniciação da tradução eIF4F. Em geral, a conservação da sequência em torno do sítio de ligação cinco não é tão elevada como nos sítios de ligação anteriores. O sítio de ligação nove está localizado perto do Phe14, moderadamente conservado, mas outros resíduos em torno deste sítio não apresentam um elevado grau de conservação.

4.3. Conservação da sequência e sítios de ligação da proteína NS2

Sabe-se que a proteína NS2 interage com a proteína M1 da matriz do vírus da gripe através do resíduo Trp78 exposto, rodeado por vários resíduos de glutamato (Akarsu *et al.*, 2003). De facto, o Tpr78 é altamente conservado, bem como dois dos quatro resíduos de glutamato, nomeadamente Glu74 e Glu75. Uma outra região de importância funcional é um sinal de exportação nuclear formado pelos resíduos 11 a 23 (O'Neill *et al.*, 1998), dos quais Ile12, Arg15, Met16, Ser17 e Leu21 são conservados (graus 7-9). Entre estes resíduos, Ser17 e Leu21 são os mais conservados e expostos à superfície, ~ 23 ~

que propomos serem os resíduos-chave do sinal de exportação nuclear. Outros resíduos altamente conservados expostos à superfície, aos quais não foi atribuída qualquer função, encontram-se em toda a proteína, nomeadamente Ser24, Leu28, Arg66, Arg84, Ser93, Ile97 e Leu103 (figura 3B). Alguns outros resíduos altamente conservados encontram-se em posições enterradas que podem ter um papel na estabilização da estrutura ou podem ficar expostos aquando de uma alteração conformacional, uma vez que o domínio N-terminal foi descrito como altamente flexível.

Foi prevista uma variedade de locais de ligação entre a interface do dímero de hélices N-terminal e C-terminal que formam o feixe de quatro hélices. Uma vez que a parte N-terminal da nossa estrutura se baseou numa previsão computacional e, além disso, demonstrou anteriormente ser muito flexível, os locais de ligação previstos podem ser um artefacto do empacotamento incompleto entre as duas hélices. São necessárias mais simulações de dinâmica molecular da estrutura prevista para avaliar a estabilidade estrutural do feixe de quatro hélices previsto e o significado dos locais de ligação previstos. Por conseguinte, discutiremos brevemente os locais de ligação encontrados no exterior da estrutura. O sítio de ligação sete está localizado próximo dos resíduos conservados Arg84, Glu91 e Glu96. Isto pode definir um local de interação previamente desconhecido, que pode ser investigado como um potencial local alvo de medicamentos. O sítio de ligação oito está exposto no ápice do feixe de hélices e próximo dos resíduos altamente conservados Trp65 e Arg66. O sítio de ligação 10 está rodeado por resíduos menos conservados e apresenta um volume de sítio muito baixo (quadro 2). Não constituiria um sítio-alvo ideal para o fármaco. Ao contrário da proteína NS1, a proteína NS2 não revela sítios de ligação na sua superfície que estejam suficientemente próximos no espaço para poderem ser alvo de um composto bivalente.

Em conclusão, verificou-se que ambas as proteínas não estruturais apresentavam um padrão de resíduos variáveis e conservados em todos os subtipos e hospedeiros do vírus da gripe A. Os locais de ligação próximos dos resíduos conservados revelados neste trabalho são alvos potenciais para o desenvolvimento de medicamentos universais contra a gripe, que, ao mesmo tempo, têm menos probabilidades de se tornarem ineficazes devido a uma mutação do vírus para uma forma resistente aos medicamentos. Os trabalhos futuros decorrentes deste estudo devem caraterizar a função dos resíduos altamente conservados, até agora desconhecidos, bem como desenvolver compostos que visem alguns dos locais de ligação previstos em regiões altamente conservadas. A importância de alguns sítios de ligação na proteína NS2 deve ser analisada com simulações de dinâmica molecular, tendo em conta a elevada flexibilidade da estrutura completa, que até agora resistiu a todos os métodos experimentais de alta resolução.

Agradecimentos

Este trabalho foi apoiado pela Escola de Ciências da Vida, Universidade de Hertfordshire, Reino Unido.

Referências

Akarsu, H., Burmeister, W. P., Petosa, C., Petit, I., Muller, C. W., Ruigrok, R. W. H. & Baudin, F. (2003). Estrutura cristalina do domínio de ligação à proteína M1 da proteína de exportação nuclear do vírus da gripe A (NEP/NS2). *EMBO J* 22, 4646-4655.

Aragon, T., de la Luna, S., Novoa, I., Carrasco, L., Ortin, J. & Nieto, A. (2000). O fator de iniciação da tradução eucariótica 4GI é um alvo celular da proteína NS1, um ativador da tradução do vírus da gripe. *Mol Cel Biol* 20, 6259-6268.

Baez, M., Zazra, J.J., Elliott, R.M., Young, J.F. & Palese, P. (1981). Nucleotide sequence of the influenza A/duck/Alberta/60/76 virus NS RNA: conservation of the NS1/NS2 overlapping gene structure in a divergent influenza virus RNA segment. *Virologia* 113, 397-402.

Bao, Y. M., Bolotov, P., Dernovoy, D., Kiryutin, B., Zaslavsky, L., Tatusova, T., Ostell, J. & Lipman, D. (2008). O recurso do vírus da gripe no centro nacional de informação biotecnológica. *J Virol* 82, 596-601.

Basu, D., Walkiewicz, M. P., Frieman, M., Baric, R. S., Auble, D. T. & Engel, D. A. (2009). Os novos antagonistas NS1 do vírus da gripe bloqueiam a replicação e restauram a função imunitária inata. *J Virol* 83, 1881-1891.

Bernstein, H. J. (2000). Alterações recentes ao RasMol, recombinando as variantes. *TTIBS* 25, 453-455.

Bornholdt, Z. A. & Prasad, B. V. V. (2008). Estrutura de raios X de NS1 de um vírus da gripe H5N1 altamente patogénico. *Nature* 456, 985-U985.

Chen, Z. Y., Li, Y. Z. & Krug, R. M. (1999). A proteína NS1 do vírus da gripe A tem como alvo a proteína II de ligação a poli (A) da maquinaria de processamento de extremidade 3 'celular. *EMBO J* 18, 2273-2283.

Claas, E. C. J., Osterhaus, A., van Beek, R., De Jong, J. C., Rimmelzwaan, G. F., Senne, D. A., Krauss, S., Shortridge, K. F. & Webster, R. G. (1998). Vírus da gripe humana A H5N1 relacionado com um vírus da gripe aviária altamente patogénico. *Lancet* 351, 472-477.

Clamp, M., Cuff, J., Searle, S. M. & Barton, G. J. (2004). O editor de alinhamento Jalview Java. *Bioinformatics* 20, 426-427.

Cox, N. J. & Subbarao, K. (2000). Global epidemiology of influenza: Past and present. *Annual Rev Med* 51, 407-421.

Donelan, N. R., Basler, C. F. & Garcia-Sastre, A. (2003). Um vírus da gripe A recombinante que expressa uma proteína NS1 com defeito de ligação ao ARN induz níveis elevados de interferão beta e é atenuado em ratinhos. *J Virol* 77, 13257-13266.

Edgar, R. C. (2004). MUSCLE: alinhamento de sequências múltiplas com elevada precisão e elevado rendimento. *Nucl Acids Res* 32, 1792-1797.

Ehrhardt, C. & Ludwig, S. (2009). *Cell Microbiol*, disponível online, doi: 10.1111/j.1462-5822.2009.01309.x

Ehrhardt, C., Marjuki, H., Wolff, T., Nurnberg, B., Planz, O., Pleschka, S. & Ludwig, S . (2006). Papel bivalente da fosfatidilinositol-3-quinase (PI3K) durante a infeção pelo vírus da gripe e a defesa das células hospedeiras. *Cell Microbiol* 8, 1336-1348.

Ehrhardt, C., Wolff, T., Pleschka, S., Planz, O., Beermann, W., Bode, J.G., Schmolke, M., Ludwig, S. (2007). A proteína NS1 do vírus da gripe A ativa a via PI3K/Akt para mediar respostas de sinalização antiapoptótica. *J Virol* 81, 3058-3067.

Enami, K., Sato, T. A., Nakada, S. & Enami, M. (1994). A proteína NS1 do vírus da gripe estimula a tradução da proteína M1. *J Virol* 68, 1432-1437.

Ferraris, O. & Lina, B. (2008). Mutações da neuraminidase implicadas na resistência aos inibidores da neuraminidase. *J Clin Virol* 41, 13-19.

Fortes, P., Beloso, A. & Ortin, J. (1994). A proteína NS1 do vírus da gripe inibe o splicing do RNA pré-mensageiro e bloqueia o transporte nucleocitoplasmático do RNA mensageiro. *EMBO J* 13, 704-712.

Glaser, F., Pupko, T., Paz, I., Bell, R. E., Bechor-Shental, D., Martz, E. & Ben Tal, N. (2003). ConSurf: Identification of Functional Regions in Proteins by Surface-Mapping of Phylogenetic Information (Identificação de Regiões Funcionais em Proteínas por Mapeamento de Superfície de Informação Filogenética). *Bioinformatics* 19, 163-164.

Gog, J.R., Dos Santos Afonso, E., Dalton R.M., Leclercq, I., Tiley, L., Elton, D., von Kirchbach, J.C., Naffakh, N., Escriou, N., Digard, P. (2007). A conservação de códons no genoma do vírus da gripe A define sinais de empacotamento de RNA. *Nucleic Acids Res* 35, 1897-1907.

Greenspan, D., Krystal, M., Nakada, S., Arnheiter, H., Lyles, D. S. & Palese, P. (1985). Expressão de proteínas não-estruturais NS2 do vírus influenz em bactérias e localização de NS2 em células eucarióticas infectadas. *J Virol* 54, 833-843.

Greenspan, D., Palese, P. & Krystal, M. (1988). Dois sinais de localização nuclear na proteína não-estrutural NS1 do vírus da gripe. *J Virol* 62, 3020-3026.

Hale, B.G., Jackson, D., Chen, Y.H., Lamb, R.A. & Randall, R.E. (2006). A proteína NS1 do vírus da gripe A liga-se à p85beta e ativa a sinalização da fosfatidilinositol-3-quinase. *Proc Natl Acad Sci* 103, 14194-14199.

Hale, B. G., Batty, I. H., Downes, C. P. & Randall, R. E. (2008a). A ligação da proteína NS1 do vírus da gripe A ao domínio inter-SH2 da p85 beta sugere um novo mecanismo para a ativação da fosfoinositídeo 3-quinase. *J Biol Chem* 283, 1372-1380.

Hale, B. G., Randall, R. E., Ortin, J. & Jackson, D. (2008b). A proteína multifuncional NS1 dos vírus da gripe A. *J Gen Virol* 89, 2359-2376.

Heikkinen, L. S., Kazlauskas, A., Melen, K., Wagner, R., Ziegler, T., Julkunen, I. & Saksela, K. (2008). As proteínas NS1 do vírus da gripe aviária e espanhola de 1918 ligam-se aos domínios Crk/CrkL src homologia 3 para ativar a sinalização das células hospedeiras. *J Biol Chem* 283, 5719-5727.

Horimoto, T. & Kawaoka, Y. (2005). Influenza: Lessons from past pandemics, warnings from current incidents (Lições de pandemias passadas, avisos de incidentes actuais). *Nature Rev Microbiol* 3, 591-600.

Johnson, N. & Mueller, J. (2002). Atualização das contas: mortalidade global da pandemia de gripe "espanhola" de 1918-1920. *Bull Hist Med* 76, 105-115.

Kobasa, D. & Kawaoka, Y. (2005). Vírus da gripe emergentes: Past and present. *Curr Mol Med* 5, 791-803.

Landau, M., Mayrose, I., Rosenberg, Y., Glaser, F., Martz, E., Pupko, T. & Ben-Tal, N. (2005). ConSurf 2005: a projeção de pontuações de conservação evolutiva de resíduos em estruturas proteicas. *Nucl Acids Res* 33, W299-W302.

Laurie, A. T. R. & Jackson, R. M. (2005). Q-SiteFinder: um método baseado em energia para a previsão de sítios de ligação proteína-ligante. *Bioinformatics* 21, 1908-1916.

Lin, Y. P., Shaw, M., Gregory, V., Cameron, K., Lim, W., Klimov, A., Subbarao, K., Guan, Y., Krauss, S., Shortridge, K., Webster, R., Cox, N., & Hay, A. (2000). Transmissão de vírus da gripe A do subtipo H9N2 de aves para humanos: Relação entre os isolados humanos H9N2 e H5N1. *Proc Natl Acad Sci* 97, 9654-9658.

Lommer, B. S. & Luo, M. (2002). Plasticidade estrutural na proteína NS2 (NEP) do vírus da gripe. *J Biol Chem* 277, 7108-7117.

Lu, Y., Wambach, M., Katze, M. G. & Krug, R. M. (1995). A ligação da proteína NS1 do influenzavírus ao RNA de cadeia dupla inibe a ativação da proteína quinase que fosforila o fator de iniciação da tradução ELF-2. *Virologia* 214, 222-228.

Molinari, N.M., Ortega-Sanchez, I.R., Messonnier, M.L., Thompson, W.W., Wortley, P.M., Weintraub, E., et al. (2007). The annual impact of seasonal influenza in the US (O impacto anual da gripe sazonal nos EUA): Measuring disease burden and costs. *Vaccine* 25, 5086-5096.

Marion, R.M., Aragon, T., Beloso A., Nieto, A., Ortin, J. (1997). A metade N-terminal da proteína NS1 do vírus da gripe é suficiente para a retenção nuclear do mRNA e o aumento da tradução do mRNA viral. *Nucleic Acids Res* 25, 4271-4277.

Maroto, M., Fernandez, Y., Ortin, J., Pelaez, F. & Cabello, M. A. (2008). Desenvolvimento de um ensaio HTS para a pesquisa de agentes anti-influenza visando a interação do RNA viral com a proteína NS1. *J Biomol Screen* 13, 581590.

Min, J. Y., Li, S. D., Sen, G. C. & Krug, R. M. (2007). Um local na proteína NS1 do vírus da gripe A medeia tanto a inibição da ativação da PKR como a regulação temporal da síntese do ARN viral. *Virologia* 363, 236-243.

Nemeroff, M. E., Barabino, S. M. L., Li, Y. Z., Keller, W. & Krug, R. M. (1998). A proteína NS1 do vírus da gripe interage com a subunidade celular de 30 kDa do CPSF e inibe a formação da extremidade 3 ' dos pré-mRNAs celulares.

Molecular Cell 1, 9911000.

Nemeroff, M. E., Qian, X. Y. & Krug, R. M. (1995). A proteína NS1 do vírus da gripe forma multímeros in-vitro e in-vivo. *Virologia* 212, 422-428.

Neumann, G., Hughes, M. T. & Kawaoka, Y. (2000). A proteína NS2 do vírus da gripe A medeia a exportação nuclear de vRNP através da interação independente de NES com hCRM1. *EMBO J* 19, 6751-6758.

Obenauer, J.C., Denson, J., Mehta, P.K., Su, X., Mukatira, S., Finkelstein, D.B., Xu, X., Wang, J., Ma, J., Fan, Y., Rakestraw, K.M., Webster, R.G., Hoffmann, E., Krauss, S., Zheng, J., Zhang, Z. & Naeve, C.W. (2006). Large-scale sequence analysis of avian influenza isolates, *Science* 311, 1576-1580.

O'Neill, R. E., Talon, J. & Palese, P. (1998). O vírus da gripe NEP (proteína NS2) medeia a exportação nuclear de ribonucleoproteínas virais. *EMBO J* 17, 288-296.

Opitz, B., Rejaibi, A., Dauber, B., Eckhard, J., Vinzing, M., Schmeck, B., Hippenstiel, S., Suttorp, N. & Wolff, T. (2007). A indução de IFN beta pelo vírus da gripe A é mediada por RIG-I, que é regulada pela proteína viral NS1. *Cell Microbiol* 9, 930-938.

Pichlmair, A., Schulz, O., Tan, C. P., Naslund, T. I., Liljestrom, P., Weber, F. & Sousa, C. R. E. (2006). Respostas antivirais mediadas por RIG-I a RNA de cadeia simples com 5 '-fosfatos. *Science* 314, 997-1001.

Rahman, M., Bright, R. A., Kieke, B. A., Donahue, J. G., Greenlee, R. T., Vandermause, M., Balish, A., Foust, A., Cox, N. J., Klimov, A. I., Shay, D. K. & Belongia, E. A. (2008). Infeção por influenza resistente ao adamantano durante a temporada 2004-05. *Emerg Infect Dis* 14, 173-176.

Rice, P., Longden, I. & Bleasby, A. (2000). EMBOSS: The European molecular biology open software suite. *Trends in Genet* 16, 276-277.

Richardson, J.C., Akkina, R.K. (1991). A proteína NS2 do vírus da gripe é encontrada no vírus purificado e fosforilada em células infectadas. *Arch Virol* 116, 69-80.

Sayle, R. A. & Milnerwhite, E. J. (1995). RASMOL - gráficos biomoleculares para todos. *Trends Biochem Sci* 20, 374-376.

Schmitt, A.P., Lamb, R.A. (2005). Montagem do vírus da gripe e brotamento na budozona viral. *Adv Virus Res* 64, 383-416.

Schueler-Furman, O. & Baker, D. (2003). Conserved residue clustering and protein structure prediction (Agrupamento de resíduos conservados e previsão da estrutura de proteínas). *Protein Struct Funct and Genet* 52, 225-235.

Shin, Y.K., Liu, Q., Tikoo, S.K., Babiuk, L.A., & Zhou, Y. (2007). O motivo de ligação SH3 1 na proteína NS1 do vírus da gripe A é essencial para a ativação da via de sinalização PI3K/Akt. *J Virol* 81, 12730-12739.

Subbarao, K., Klimov, A., Katz, J., Regnery, H., Lim, W., Hall, H., Perdue, M., Swayne, D., Bender, C., Huang, J., Hemphill, M., Rowe, T., Shaw, M., Xu, X. Y., Fukuda, K. & Cox, N. (1998). Caracterização de um vírus da gripe aviária A (H5N1) isolado de uma criança com uma doença respiratória fatal. *Science* 279, 393-396.

Twu, K. Y., Noah, D. L., Rao, P., Kuo, R. L. & Krug, R. M. (2006). O local de ligação do CPSF30 na proteína NS1A do vírus da gripe A é um potencial alvo antiviral. *J Virol* 80, 3957-3965.

Wang, W., Riedel, K., Lynch, P., Chien, C. Y., Montelione, G. T. & Krug, R. M. (1999). A ligação do ARN pelo novo domínio helicoidal da proteína NS1 do vírus da gripe requer a sua estrutura dimérica e um pequeno número de aminoácidos básicos específicos. *RNA* 5, 195-205.

Wang, X. Y., Li, M., Zheng, H. Y., Muster, T., Palese, P., Beg, A. A. & Garcia-Sastre, A. (2000). A proteína NS1 do vírus da gripe A impede a ativação do NF-kappa B e a indução do interferão alfa/beta. *J Virol* 74, 11566-11573.

Ward, A. C., Castelli, L. A., Lucantoni, A. C., White, J. F., Azad, A. A. & Macreadie, I.

G. (1995). Expressão e análise da proteína NS2 do vírus da gripe A. *Arch Virol* 140, 2067-73.

Organização Mundial de Saúde (2004). Gripe aviária A(H5N1). *Weekly Epidemiol Rec* 79, 65-70.

Yin, C. F., Khan, J. A., Swapna, G. V. T., Ertekin, A., Krug, R. M., Tong, L. & Montelione, G. T. (2007). Caraterísticas de superfície conservadas formam o local de ligação do RNA de fita dupla da proteína não estrutural 1 (NS1) dos vírus influenza A e B. *J Biol Chem* 282, 20584-20592.

Zhang, Y. (2008). Servidor I-TASSER para a previsão da estrutura 3D de proteínas. *BMC Bioinf* 9, 40.

Zhang, Y., Skolnick, J. (2004). Função de pontuação para avaliação automática da qualidade do modelo de estrutura proteica. *Proteins* 57, 702-710.

2. A ANÁLISE EM GRANDE ESCALA DA CONSERVAÇÃO DA SEQUÊNCIA DA NUCLEOPROTEÍNA DO VÍRUS DA GRIPE A REVELA POTENCIAIS SÍTIOS-ALVO DE MEDICAMENTOS

Andreas Kukol & David John Hughes[1]

Escola de Ciências Médicas e da Vida, Universidade de Hertfordshire, Hatfield, Reino Unido

[1] Endereço atual: Rothamsted Research, Harpenden, Reino Unido

Citação original: Kukol, A., & Hughes, D. (2014). *A análise em larga escala da conservação da sequência da nucleoproteína do vírus da gripe A revela potenciais locais de alvo de drogas. Virologia, 454-455, 40-47. DOI: 10.1016/j. virol. 2014.01.023.*

Resumo - A nucleoproteína (NP) do vírus da gripe A encapsida o ARN viral e participa no ciclo de vida infecioso do vírus. Os objectivos deste estudo foram determinar o grau de conservação da NP entre todos os subtipos de vírus e hospedeiros e identificar locais de ligação conservados, que podem ser utilizados como potenciais locais-alvo de medicamentos. A análise da conservação baseada em 4430 sequências de aminoácidos identificou uma elevada conservação em regiões funcionais conhecidas, bem como novos sítios altamente conservados. Os aglomerados altamente variáveis identificados na superfície da NP podem estar associados à adaptação a diferentes hospedeiros e à prevenção da defesa imunitária do hospedeiro. O potencial de ligação do ligando que se sobrepõe à elevada conservação foi encontrado no sítio de ligação do laço da cauda e perto da região putativa de ligação do ARN. Os resultados fornecem a base para o desenvolvimento de antivirais que podem ser universalmente eficazes e ter um potencial reduzido para induzir resistência através de mutações.

2.1. Introdução

O vírus da gripe A provoca uma doença respiratória que resulta em epidemias anuais recorrentes que afectam cerca de 3-5 milhões de pessoas e cerca de 250 000 a 500 000 mortes em todo o mundo (OMS, 2009). Ao mesmo tempo, o vírus da gripe causa perdas substanciais entre as aves domésticas (Leibler et al., 2009). Para além das epidemias, os vírus da gripe A foram responsáveis por pandemias devastadoras que mataram pelo menos 40 milhões de pessoas em 1918/1919 (gripe espanhola, H1N1) (Johnson e Mueller, 2002) e por pandemias menos graves em 1957 (gripe asiática, H2N2), 1968 (gripe de Hong Kong, H3N2), 1977 (gripe russa, H1N1) (Cox e Subbarao, 2000) e a última pandemia (gripe suína, H1N1), que matou cerca de 284 000 pessoas (Dawood et al., 2012). As pandemias de gripe parecem ocorrer quando um vírus patogénico de tipo animal adquire a capacidade de transmissão eficaz entre seres humanos (Horimoto e Kawaoka, 2005), o que pode ocorrer devido a mutações ou ao rearranjo de segmentos de ARN humano e animal (Lin et al., 2000). Uma ameaça atual, para além do vírus H5N1 aviário, é um vírus H7N9 aviário emergente na China que causou 104 infecções confirmadas, incluindo 21 mortes (OMS, 2013). Devido à elevada taxa de mutação e à resistência emergente contra os inibidores da neuraminidase (Ferraris e Lina, 2008) e a amantadina/rimantadina (Rahman et al., 2008), é da maior importância investigar outras proteínas virais como potenciais alvos de medicamentos, por exemplo, as proteínas não estruturais (Darapaneni, Prabhaker e Kukol, 2009).

O vírus da gripe A pertence à família Orthomyxoviridae. É um vírus envolto em lípidos com um genoma de ARN de cadeia negativa organizado em oito segmentos separados, que codificam onze ou mais proteínas, dependendo da estirpe específica do vírus (revisto, por exemplo, em Das et al. (2010)). Com base nas propriedades antigénicas das proteínas hemaglutinina e neuraminidase, o vírus é classificado nos subtipos HxNy. O segmento cinco codifica a nucleoproteína (NP). A função primária da NP é encapsidar o ARN segmentado e ligar-se às três subunidades da polimerase, PA, PB1 e PB2, para formar partículas de ribonucleoproteína (RNPs) para a transcrição, replicação e empacotamento do ARN (Du, Cross e Zhou, 2012). A estrutura molecular da NP de um vírus H1N1 (Ye, Krug e Tao, 2006) e de um vírus H5N1 (Ng et al., 2008) foi elucidada por cristalografia de raios X. A RNP é composta por um domínio da cabeça, um domínio do corpo e uma alça de cauda flexível (figura 1A). Em cada RNP, o ARN viral envolve moléculas individuais de NP, num sulco de ligação ao ARN rico em arginina (Marklund et al., 2012; Ng et al., 2008) (figura 1A).

Os oligómeros de NP são formados pela inserção da alça da cauda de uma molécula de NP na bolsa de ligação da alça da cauda de outra, através de uma ponte salina crucial entre Glu339 e Arg416 (Coloma et al., 2009; Shen et al., 2011).

A NP da gripe é a proteína mais abundantemente expressa durante a infeção, com múltiplas funcionalidades, incluindo a síntese do RNA viral e o tráfico de RNP, a regulação da polimerase e a interação com polipeptídeos celulares, incluindo a actina (Li et al., 2009; Portela e Digard, 2002). Vários sinais de localização nuclear (NLS) na sequência de aminoácidos da NP são fundamentais para a importação nuclear de todo o complexo da polimerase (revisto em (Hutchinson e Fodor, 2012)). O terminal N contém um NLS não convencional, que fica desativado após a fosforilação de Ser-3 (Wu e Pante, 2009). Foi identificado um potencial NLS bipartido no sulco de ligação ao ARN entre os resíduos 198 e 216 (Weber et al., 1998) e um terceiro NLS entre os resíduos 320 e 400 foi identificado com base em estudos de deleção (Wang, Palese e ONeill, 1997). De um modo geral, parece que o NLS não convencional do terminal N é o principal determinante da importação nuclear (Cros, Garcia-Sastre e Palese, 2005), enquanto um sinal de acumulação nuclear entre os resíduos 327 e 345 actua potencialmente para reter a NP no núcleo (Davey, Dimmock e Colman, 1985). A NP foi identificada como um alvo para a descoberta de medicamentos, tendo sido identificados alguns inibidores potenciais que actuam contra a proteína NP, nomeadamente a nucleozina que desencadeou a agregação da NP (Kao et al., 2010), inibidores da oligomerização da NP (Shen et al., 2011) e o inibidor da ligação ao ARN naproxeno (Lejal et al., 2013). As análises das sequências de NP ao nível dos aminoácidos ou dos nucleótidos foram realizadas anteriormente. Um estudo em grande escala efectuado por Xu et al. (2011) com base em 5094 sequências de nucleótidos de NP divididas em diferentes linhagens evolutivas identificou seis locais altamente variáveis e algumas centenas de locais conservados, cujo número depende da linhagem evolutiva e da metodologia utilizada para calcular a conservação. Um artigo de revisão relatou a fração de resíduos de aminoácidos conservados em elementos de estrutura secundária (Ng, Wang e Shaw, 2009), mas não foi dada uma definição clara de conservação. A maioria das referências à conservação da sequência de NP na literatura (por exemplo, Mena et al., 1999; Ng, Wang e Shaw, 2009) remonta a um estudo efectuado por Shu et al. (Shu, Bean e Webster, 1993) com base no alinhamento múltiplo de 49 sequências.

Os objectivos do presente estudo foram identificar o grau de conservação da NP entre todos os subtipos do vírus da gripe A de todos os hospedeiros, a fim de identificar locais de conservação universal. O mapeamento das pontuações de conservação na estrutura tridimensional, juntamente com uma análise do potencial de ligação de pequenas moléculas, sugere potenciais sítios de ligação para antivirais que podem ser universalmente aplicáveis sem conduzir a resistência. Além disso, os nossos resultados sugerem sítios altamente conservados com função desconhecida que podem ser investigados experimentalmente.

2.2. Métodos

2.2.1. Análise de sequências

As sequências proteicas do vírus da gripe A NP foram obtidas a partir do recurso de vírus da gripe do Centro Nacional de Informação Biotecnológica (NCBI) (Bao et al., 2008). Foram selecionadas sequências de todos os subtipos de vírus e de todos os hospedeiros. A redundância de sequências foi removida através da identificação de grupos de sequências com 99% de identidade e da substituição de um grupo por uma sequência representativa utilizando o conjunto CD-HIT (Huang et al., 2010). Após a remoção das sequências que continham resíduos de aminoácidos indefinidos, as restantes sequências foram submetidas a um alinhamento múltiplo com o software MUSCLE (Edgar, 2004a; Edgar, 2004b), utilizando um refinamento iterativo até se obter a convergência da pontuação da soma dos pares, que produz o alinhamento mais exato. Após a conversão do alinhamento para o formato Phylip (Futami et al., 2008), foi calculada uma árvore filogenética com o PhyML 3.0 com base no método de máxima verosimilhança (Guindon et al., 2010) utilizando o modelo de substituição de aminoácidos específico da gripe FLU (Cuong et al., 2010). Os alinhamentos de sequências múltiplas foram visualizados com Jalview (Waterhouse et al., 2009).

2.2.2. Estrutura da proteína

A estrutura cristalina da NP do subtipo H5N1 do vírus da gripe A (Ng et al., 2008) foi obtida a partir do RCSB Protein Data Bank (Berman et al., 2000) com o identificador 2QO6. Esta estrutura foi escolhida porque o número de resíduos em falta (de 79-86) era inferior ao de uma estrutura NP semelhante de um vírus H1N1 com o identificador 2IQH (Ye, Krug e Tao, 2006). O ficheiro de coordenadas foi dividido manualmente num monómero e foi obtido um modelo contínuo de Ala22 a Tyr496 a partir do servidor i-TASSER 2.0 (http://zhanglab.ccmb.med.umich.edu/I- TASSER/) (Zhang, 2008), especificando explicitamente a estrutura de 2QO6 como modelo. Nenhum dos modelos identificados cobria a região em falta 79-86, pelo que, de acordo com o protocolo i-Tasser, foi aplicada a modelação *ab-initio* com um campo de forças baseado no conhecimento (Wu, Skolnick e Zhang, 2007). A estrutura final da proteína utilizada para análise posterior foi obtida copiando a informação estrutural dos resíduos Tyr78 a Lys87 obtida do I-TASSER para a estrutura cristalina do monómero.

2.2.3. Análise da conservação

A conservação dos resíduos de aminoácidos foi obtida e projectada na estrutura da proteína utilizando o servidor ConSurf 2010 (Ashkenazy et al., 2010; Celniker et al., 2013; Landau et al., 2005). O algoritmo ConSurf tem em conta as relações evolutivas entre as sequências de proteínas, dando um maior peso às sequências evolutivamente mais distantes. Isto é essencial para produzir pontuações de conservação significativas, uma vez que as sequências de proteínas apresentam uma elevada semelhança devido ao facto de serem originárias da mesma espécie. O ficheiro pdb da estrutura da proteína, o alinhamento de sequências múltiplas e a árvore filogenética calculada com o modelo de substituição FLU (Cuong et al., 2010) foram carregados manualmente e foi escolhido o método estatístico Bayesiano. As pontuações de conservação resultantes são pontuações padrão com uma média de zero e um desvio padrão de um. Uma pontuação inferior a zero denota uma conservação superior à média. Os intervalos de confiança das pontuações de conservação foram calculados com estatísticas

Bayesianas (Mayrose et al., 2004). Para atribuir os graus de conservação (1-9), as pontuações abaixo e acima de zero são divididas em 4^ intervalos cada, que formam os nove graus de conservação. O intervalo para o grau de conservação 1 mais baixo é alargado para incluir os resíduos com maior variabilidade (Ashkenazy et al., 2010). Uma tabela de resultados pormenorizados, incluindo intervalos de confiança estatística, está disponível como informação de apoio.

2.2.4. Previsão do sítio de ligação

Os potenciais locais de ligação foram previstos através de dois métodos diferentes, nomeadamente o mapeamento computacional de solventes com o FTMap, que envolve a acoplagem de uma biblioteca de pequenas moléculas orgânicas semelhantes a solventes à estrutura da proteína (Brenke et al., 2009), e o QsiteFinder, que analisa a superfície da proteína com uma sonda de van Waals de metilo para detetar interações favoráveis (Fuller, Burgoyne e Jackson, 2009). Os aglomerados de moléculas de solvente acopladas no caso do FTMap ou os aglomerados de sondas de metilo no caso do QSiteFinder podem identificar potenciais pontos quentes de ligação. Os locais de ligação do FTMap são classificados com base no número de clusters sobrepostos de moléculas de solvente, enquanto os locais de ligação do QsiteFinder são classificados de acordo com a energia total de interação. Ambas as classificações têm implicitamente em conta o volume do local de ligação. Os sítios de ligação previstos e as pontuações de conservação foram combinados através da transferência manual das coordenadas dos sítios de ligação para o ficheiro de coordenadas (ficheiro pdb) obtido a partir do servidor ConSurf. As estruturas proteicas com pontuações de conservação e os locais de ligação previstos do ligando estão disponíveis como informação de apoio. As figuras das estruturas proteicas foram preparadas com Rasmol (Sayle e Milnerwhite, 1995).

2.3. Resultados

2.3.1. Sequências do vírus da gripe

Inicialmente, foram obtidas 4430 sequências de NP do vírus da gripe A de todos os subtipos e hospedeiros. Após o agrupamento das sequências com um limiar de identidade de 99%, restaram 815 sequências que apresentavam pelo menos 1% de diferença de sequência. Entre as sequências, 33% provinham de seres humanos, 26% de suínos, 15% de galinhas e 12% de patos; os restantes 14% provinham de uma variedade de espécies, incluindo perus, codornizes, patos-reais, cavalos, cães, bem como uma variedade de aves.

2.3.2. Resíduos de aminoácidos conservados

A conservação evolutiva dos resíduos de aminoácidos na proteína NP foi identificada utilizando o servidor ConSurf (Ashkenazy et al., 2010; Landau et al., 2005). As pontuações de conservação foram obtidas entre -0,78 (maior conservação) e 4,8 (maior variabilidade) e atribuídas a graus entre 9 (maior conservação) e 1 (maior variabilidade) pelo servidor ConSurf. Os resíduos altamente conservados (graus 8-9) e os resíduos variáveis (graus 1-3) são apresentados na tabela 1. Os graus de conservação foram mapeados para a espinha dorsal da proteína (figura 1A, B). Em geral, a proteína é altamente conservada, com 59% dos resíduos nos graus de conservação mais elevados 7-9, enquanto 21% dos resíduos são altamente variáveis com graus 1-3. Um número significativo de 38 resíduos destacados na tabela 1 não apresenta qualquer variação entre as 4430 sequências analisadas.

Tabela 2-1: *Resíduos conservados (graus de conservação 8-9) e resíduos variáveis (graus de conservação 1-3) da proteína NP identificados utilizando o servidor ConSurf (Ashkenazy et al., 2010). Os resíduos em negrito não apresentam qualquer variação.*

Residue Classification	NP protein
Conserved (grades 8-9)	Ile25, Ser28, Val29, **Met32**. Ile36. Gly37. **Tyr40**. Gln42. Met43. Cys44. Thr45. Glu46. Asp51. Arg55. Gln58. Asn59. Ser60. Thr62. Met66. **Ser69**. Ala70. Phe71. Asp72. Glu73. Arg74. Arg75. **Asn76**. **Tyr78**. Glu80. Pro83. Lys87. **Asp88**. **Pro89**. Lys90. **Thr92**. Gly93. Gly94. **Tyr97**. Arg106. Leu110. **Lys113**. Trp120. Ala123. Asn124. Gly132. Thr134. His135. Met137. Ile138. His140. Ser141. Asn142. Leu143. Asn144. Asp145. **Thr147**. Arg150. Thr151. Ala153. Leu154. Val155. **Arg156**. Gly158. Asp160. **Pro161**. Met163. Cys164. Ser165. Leu166. Met167. **Gly169**. **Ser170**. **Thr171**. Leu172. **Pro173**. Arg175. Ser176. Ala178. **Ala179**. Ala181. **Gly185**. Gly187. Thr188. Met196. Arg199. Asn205. Phe206. Trp207. Arg208. **Gly209**. **Gly212**. Arg213. Ala218. Glu220. **Arg221**. Cys223. Leu226. Lys227. Gly228. Lys229. Thr232. Ala233. Gln235. Met238. Asp240. Gln241. Arg243. Pro248. Asn250. Ala251. Glu252. Glu254. **Arg261**. Ser262. **Ala263**. Arg267. Ala271. **Lys273**. **Ser274**. Val285. **Gly288**. Phe291. Ser297. Val299. **Gly300**. Asp302. Pro303. Gln308. Gln311. Ser314. Arg317. Glu320. His324. Lys325. Gln327. Leu328. Ala332. Ala336. Ala337. Glu339. Asp340. Arg342. Phe346. Arg348. **Gly349**. Pro354. **Arg355**. Arg361. **Ala366**. Thr378. Ser383. Tyr385. **Ala387**. Ile388. Ser392. Gln405. Ser407. **Gln409**. **Pro410**. **Phe412**. Ser413. Val414. **Gln415**. Arg416. **Pro419**. Thr424. Ala427. Phe429. Glu434. Arg436. Asp439. Ile445. Met448. **Glu449**. Ser457. Phe458. **Gly460**. Gly462. Val463. Glu465. Ser467. Ala471. Val476. Pro477. Phe489. Asp491. Ala493
Variable (grades 1-3)	Ala22. Arg31. Val33. Gly34. Arg38. Ile41. Ser50. Gln52. Gly54. Ile61. Ile63. Arg77. Ser84, Ala85. Arg98. Arg100. Asp101. Gly102. Lys103. Val105. Ile109. Tyr111. Glu114. Arg117. Ile119. Asn125. Glu127. Asp128. Met136. Ala146. Ile183. Val186. Met189. Val190, Ile194. Ile197. Ile201. Arg214. Ile217. Phe230. Lys236. Met239. Ile253. Ile257. Leu259. Leu283. Asp290. Arg293. Ile301. Leu306. Phe313. Pro318. Ala323. Val329. Leu341. Val343. Ser344. Thr350. Arg351. Val352. Ile353. Gln357. Leu358. Val363. Val371. Glu372. Ala373. Met374. Asp375. Ser377. Arg384. Arg391. Asn397. Gln398. Arg400. Ile406. Val408. Asn417. Leu418. Arg422. Ala423. Ile425. Lys430. Asn432. Thr433. Arg446. Ser450. Arg452. Pro453. Val456. Leu466. Thr472. Asn473. Asp480. Met481. Ser482. Asn483. Gly485. Asn492. Glu494. Glu495. Tyr496

A figura 1C e a figura 2 mostram a conservação mapeada na estrutura da proteína. A primeira hélice N-terminal mostra um padrão de conservação que está principalmente confinado a uma face da hélice, começando com Ile25 (grau 8), seguido de Ser28 (grau 9), Met32, Ile36, Tyr40, Gln42-Glu46. Uma outra hélice no interior do domínio do corpo, que se encosta à folha beta antiparalela única presente na NP, apresenta uma elevada conservação nos resíduos Gln58, Ser60 (grau 8), Thr62, Met 66 e Ser69 (todos de grau 9). O loop seguinte até Glu81 contém vários resíduos altamente conservados, tais como Glu73, Arg74, Arg75, Asn76 e Glu80. Note-se que uma parte desta sequência de Leu79-Gly86 não foi resolvida na estrutura original, mas baseia-se em modelação computacional. Esta elevada conservação é reflectida por um laço oposto de Gly169 (grau 9) a Ser176 (grau 8). Ambas as alças têm vista para uma a-hélice altamente conservada de Gly132 a Thr147. A extremidade desta a-hélice marca a transição para o domínio da cabeça. Duas a-hélices curtas Thr151-Thr157 e Asp160-Ser165 com caraterísticas altamente conservadas precedem o segundo laço que acabámos de descrever. Este laço é seguido por um feixe de quatro hélices de Gly185-Leu264, após o qual a cadeia transita para o domínio do corpo. O feixe de quatro hélices contém alguns resíduos variáveis e altamente conservados, nomeadamente Gly185, Arg208, Gly212, Arg221, Cys223, Glu252, Glu254, Arg261, Ser262 e Ala263, todos conservados no grau nove. No interior do domínio do corpo, desde Lys273 até Arg391, observam-se algumas ocorrências de resíduos altamente variáveis. A cadeia de aminoácidos forma então o loop de cauda de aproximadamente Arg400 a Lys430. Nomeadamente, alguns resíduos no laço da cauda apresentam uma elevada conservação nos graus oito ou nove, tais como Ser407, Gln409, Pro410, Phe412, Ser413, Val414, Gln415 e Pro419. A bolsa de ligação do anel de cauda é formada por resíduos não adjacentes na sequência e a sua conservação é apresentada no quadro 3 e discutida na secção seguinte. O laço da cauda é depois seguido por outra a-hélice com Ile445, Glu449 e Ser450 altamente conservados. A cadeia atravessa novamente o domínio do corpo, onde revela uma estrutura bem resolvida composta por elementos de estrutura secundária em grande parte não repetitivos. Nesta região, a conservação é muito elevada em Ser457, Gly460, Val463, Glu465, Ala471, Val476, Pro477 e Ala493.

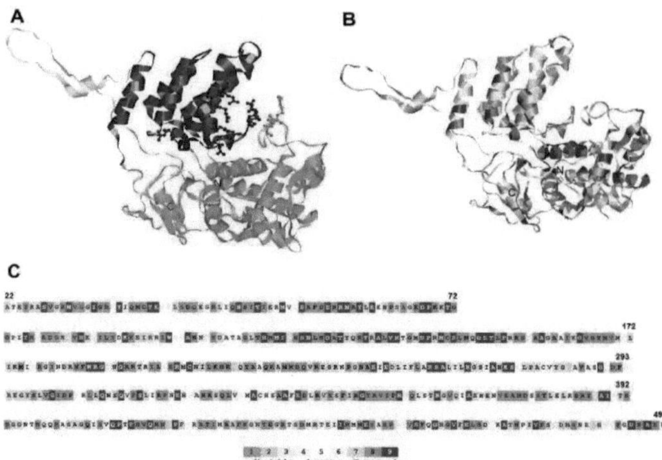

Figura 2-1: A) Estrutura da NP mostrando a alça da cauda (amarelo), a cabeça (azul) e o domínio do corpo (verde). Os resíduos que contribuem para a ligação ao ARN são mostrados numa representação em forma de bola e bastão. B), C) Estrutura e sequência de aminoácidos da NP, codificada por cores de acordo com as pontuações de conservação indicadas na legenda de cores.

Por outro lado, encontrámos grupos de regiões altamente variáveis. Ser50, Gln52 e Phe313 formam um pequeno grupo altamente variável (grau 1) na superfície do domínio do corpo. Uma mancha contínua de sítios variáveis é formada por Arg98, Arg100, Asp101, Gly102, Lys103, Val105, Glu372, Ala373, Met374, Asp375 e Pro318. Outra área de sítios variáveis é formada por Thr350, Arg351, Ile353 e Tyr496 (figura 2).

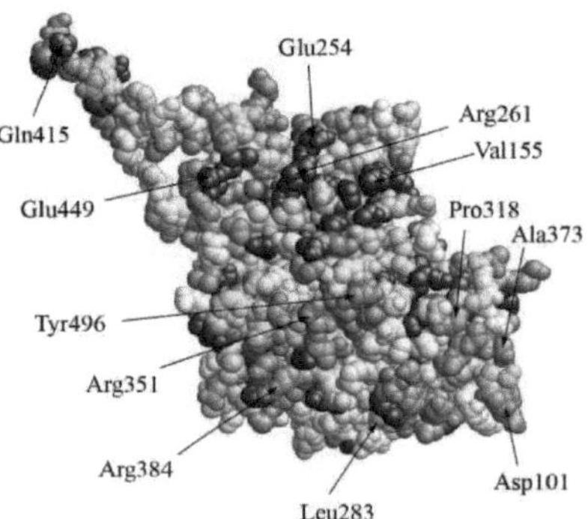

Figura 2-2: Representação espacial da estrutura NP (PDB-id 2Q06) com graus de conservação mapeados na estrutura. Ver figura 1 para a legenda de cores. Os resíduos significativos discutidos no texto estão assinalados.

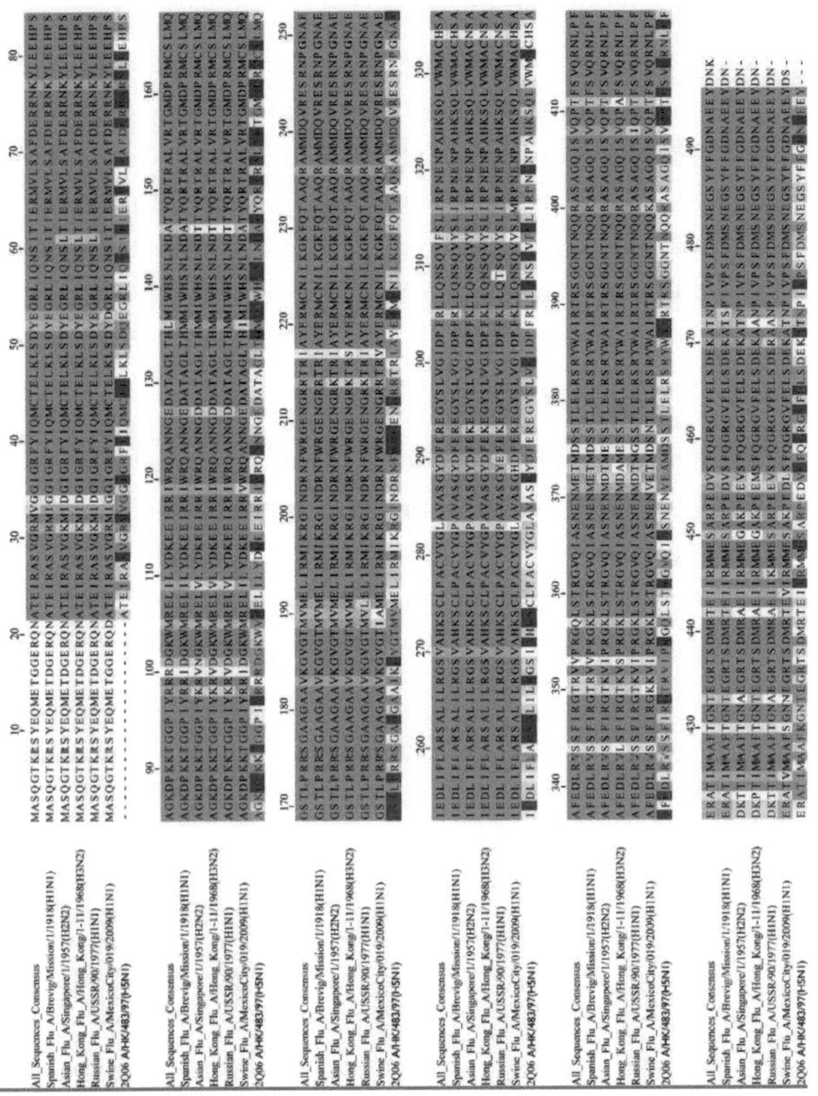

Figura 2-3: *Alinhamento de sequências múltiplas de uma sequência de consenso calculada a partir de todas as sequências utilizadas neste estudo com sequências de pandemias de gripe A e a sequência da estrutura da proteína 2Q06. O alinhamento da sequência é colorido por conservação com base na matriz BLOSUM62 (Henikoff e Henikoff, 1992). A sequência 2Q06 é colorida de acordo com a conservação, como na figura 1.*

Uma sequência de consenso calculada a partir do alinhamento múltiplo foi comparada com as sequências da PN pandémica da gripe A humana na figura 3. No resíduo 100, há uma diferença notável entre a sequência de consenso e as sequências pandémicas, nomeadamente o resíduo de consenso Arg100 é substituído por resíduos hidrofóbicos Ile e Val nas sequências pandémicas humanas. Em todas as outras posições variáveis, o mesmo resíduo ou um resíduo semelhante ao consenso é encontrado em pelo menos uma das sequências pandémicas.

2.3.3. Potencial de ligação de ligandos de moléculas pequenas

O potencial de ligação da NP a fármacos de pequenas moléculas foi previsto com base em aglomerados de locais de interação energeticamente favoráveis com uma sonda de metilo (Q-SiteFinder (Laurie e Jackson, 2005)) e na ligação de uma biblioteca de pequenas moléculas de solventes orgânicos (FtMap (Brenke et al., 2009)). A disposição espacial dos sítios de ligação é apresentada na Figura 4 para ambos os métodos.

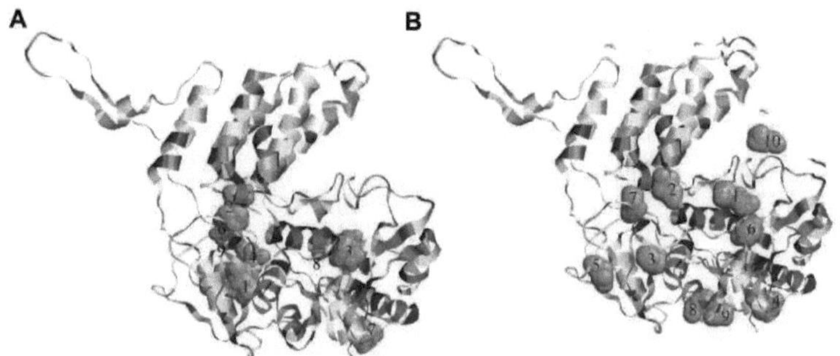

Figura 2-4: Sítios de ligação do ligando identificados por FtMap (A) e Q-SiteFinder (B). Os números indicam a classificação atribuída pelos algoritmos, sendo "1" o sítio de ligação com a classificação mais elevada.

Os sítios de ligação estão principalmente localizados no domínio do corpo, com alguns sítios na interface entre a cabeça e o domínio do corpo. O FTMap identificou uma série de sítios na bolsa de ligação do loop da cauda, nomeadamente F1, F2, F4, F4,

F5, F9 ("F" indica os sítios de ligação identificados pelo FTMap, enquanto o número indica a classificação atribuída pelo algoritmo). Outros sítios de ligação F3 e F8 foram encontrados na região de ligação ao ARN, enquanto F7 está localizado numa região diferente da proteína. O Q-SiteFinder identificou sítios de ligação em localizações semelhantes e diferentes. Os sítios de ligação semelhantes são Q3 e Q7, que estão localizados na bolsa de ligação do loop da cauda. A ligação mais bem classificada Q1 está localizada na região de ligação ao ARN. Q4 e F7 estão em regiões semelhantes, enquanto não há muita concordância entre os outros sítios de ligação.

Um objetivo importante do presente trabalho foi identificar os locais de ligação que estão espacialmente próximos de resíduos de aminoácidos conservados. A Tabela 2 identifica os resíduos que se encontram na proximidade dos sítios de ligação. Os sítios mais bem classificados têm um grande volume, pelo que os resíduos espacialmente distantes são incluídos. O número de resíduos incluídos na tabela 2 não está relacionado com a classificação dos sítios de ligação, mas sim com o número de resíduos que estão muito próximos, com base no corte arbitrário de 0,3 nm. Como mostra o quadro 2, a maioria dos locais de ligação previstos estão próximos de um ou mais resíduos altamente conservados, exceto F4, Q3, Q8 e Q9. Nomeadamente, os três sítios com melhor classificação F1, F2 e F3 estão próximos de resíduos conservados, enquanto os dois sítios com melhor classificação do método ConSurf Q1 e Q2 estão próximos de resíduos conservados.

Tabela 2-2: *Resíduos de aminoácidos num raio de 0,3 nm dos locais de ligação previstos. Os resíduos conservados com grau 8 ou 9 são apresentados em negrito.*

FTMap		ConSurf	
Site	Amino acid residues	Site	Amino acid residues
F1	Ser344. **Ala387. Ile388**	Q1	**Tyr78. Ser141. Thr171**
F2	**Ser165**, Val186. **Ala263**, Gly268. Ile270, Ser392	Q2	Asp145, Tyr148, **Arg150**
F3	**Gln58, Thr62, Tyr97.** Ile365	Q3	Phe304. Trp330. His334. Ile347
F4	His272. His334. Ser335, Thr390	Q4	**Asp51.** Gly54
F5	**Ile388**, Arg461, Gly462	Q5	Arg342, Phe479, Asn483. Glu484
F6	**Ala337**, Phe338, **Glu339.** Ser486, **Phe489**	Q6	**Gln58. Thr62. Tyr97**
F7	Tyr40. Gly54	Q7	**Ser165.** Phe488. Phe489
F8	Ala131. **Thr134, His135.** Lys273	Q8	Leu307. Ser310. Val312. Leu279. Leu381
F9	**Glu339. Asp340**	Q9	Tyr289. Arg305. Asn309
		Q10	**Arg74.** Arg174. **Arg175**

2.4. Discussão

2.4.1. Conservação da sequência

O objetivo deste estudo foi determinar o grau de conservação da NP entre todos os isolados de vírus da gripe A sequenciados e identificar locais de ligação de pequenas moléculas em regiões conservadas, que podem constituir potenciais locais-alvo para a futura descoberta de medicamentos antivirais. A estrutura proteica da NP foi baseada na estrutura de raios X recentemente publicada (Ng et al., 2008) de um isolado H5N1 com os resíduos de aminoácidos 79-86 em falta, construída por modelação ab-initio com o servidor i-Tasser (Zhang, 2008). A conservação das sequências pode dever-se a sítios funcionalmente importantes, tais como sítios de interação ou sinais de orientação, sítios importantes para a manutenção da proteína estrutura (Schueler-Furman e Baker, 2003) ou ao nível do ARN como sinais de empacotamento (Gog et al., 2007). Os sítios variáveis, por outro lado, podem surgir devido à adaptação a diferentes hospedeiros ou devido à pressão evolutiva para escapar ao sistema imunitário do hospedeiro. Foram detectadas quantidades significativas de NP na superfície das células infectadas, o que permite a deteção pelo sistema imunitário do hospedeiro (Yewdell, Frank e Gerhard, 1981).

Em regiões funcionalmente importantes estabelecidas, encontramos uma elevada conservação, por exemplo, no sinal de localização nuclear bipartido (resíduos 198 a 216) (Wang, Palese e ONeill, 1997), Trp207, Arg208, Gly209 e Gly212 são conservados no grau 9. Além disso, foi demonstrado que Arg204, Trp207 e Arg208 se ligam à polimerase viral (Marklund et al., 2012). No sinal de acumulação nuclear (resíduos 327 a 345) (Davey, Dimmock, e Colman, 1985) Ala332, Ala337 e Glu339 são conservados no grau 9. Foi encontrada uma conservação significativa perto do sulco putativo de ligação ao ARN em duas abas que se sobrepõem a uma a-hélice altamente conservada (figura 1). Anteriormente, verificou-se que a mutação de Asp72, Arg74, Lys113, Arg156, Arg174, Arg175, Arg195, Arg199, Lys325 e Arg361 para alanina impedia a incorporação do ARN viral (Li et al., 2009). Todos estes resíduos, exceto Arg174 e Arg195, são conservados no grau 8 ou 9. Outra região de conservação pode ser encontrada na alça da cauda (resíduos 402-428), que facilita a oligomerização da NP ligando-se a uma bolsa correspondente formada entre o corpo da NP e o domínio da cabeça. Gln409, Pro410, Phe412, Gln415 e Pro419 no loop da cauda são conservados no grau 9, enquanto muitos outros resíduos, incluindo Arg416, mostram conservação no grau 8. Foi demonstrado que a mutação Phe412Ala diminui a transcrição do ARN viral (Li et al., 2009). A Figura 5 mostra a ligação do loop da cauda numa cavidade entre o domínio da cabeça e do corpo.

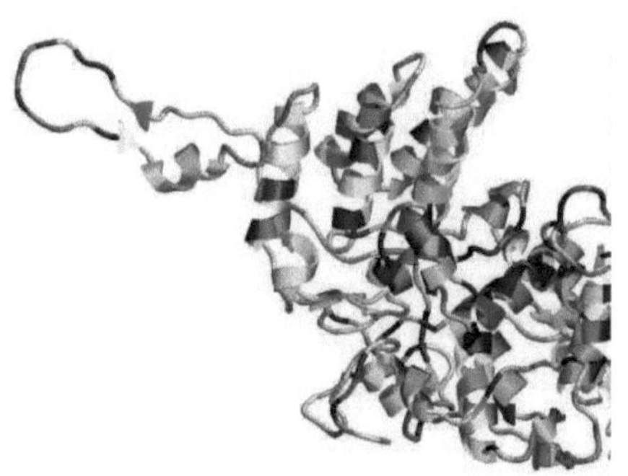

Tabela 2-3: Resíduos de aminoácidos na bolsa de ligação da alça da cauda próxima (0,3 nm) da alça
da cauda

Residue	Conservation grade
Gln149	7
Ser165	9
Leu264	7
Arg267	9
Ile270	5
His272	9
Ser335	6
Phe338	6
Glu339	9
Arg342	8
Thr390	7
Gln459	4
Phe489	8

A Tabela 3 mostra os graus de conservação dos resíduos da bolsa de ligação do loop da cauda, que estão em contacto próximo com o loop da cauda. É de salientar que a mutação Arg267Ala diminuiu a montagem da NP viral em 50%, enquanto a mutação Glu339Ala aboliu completamente a formação da NP (Chan et al., 2010). Também a mutação do Glu449 altamente conservado, localizado perto do loop da cauda na hélice do domínio da cabeça, diminui a montagem da NP (Chan et al., 2010). Foi recentemente demonstrado que a NP isolada existe em equilíbrio entre monómeros e trímeros e as mutações Arg416Ala, Glu339Ala estabilizam a forma monomérica, enquanto a Tyr148Ala desloca o equilíbrio para a forma trimérica (Chenavas et al., 2013). A Arg416 está localizada na alça da cauda e apresenta uma variedade limitada de resíduos de Arg, Lys e Gly com um grau de conservação de 8. Embora o monómero do tipo selvagem não possa ser cristalizado, uma estrutura cristalina do mutante monomérico Arg416Ala mostrou que a alça da cauda está dobrada no seu próprio domínio corporal, cobrindo o local de ligação da alça da cauda (Chenavas et al., 2013). Além disso, Chenavas et al (Chenavas et al., 2013) postularam que o monómero do tipo selvagem é estabilizado pela fosforilação de Ser165 e mostraram, utilizando medições biofísicas, que uma mutação fosfomimética Ser165Asp conduz a uma NP monomérica. Isto explica a elevada conservação da Ser165 (quadro 3), que apenas permite uma substituição por um resíduo Thr nalguns isolados de vírus.

Além disso, identificámos áreas na superfície da NP que apresentavam uma variação significativa (figura 2). Parte da variação pode ser explicada pela adaptação a diferentes hospedeiros. Foi demonstrado que as mutações do resíduo 313 conferem resistência à proteína Mx1 induzida por interferão humano (Manz et al., 2013). A Mx1 tem uma atividade antiviral conhecida contra os vírus de ARN, ligando-se ao seu ribonucleocapsídeo (Haller, Staeheli e Kochs, 2007). Além disso, foi demonstrado que os resíduos 53, 100, 283 e 289 causam resistência à Mx1 (Manz et al., 2013). Destes, apenas os resíduos 100 e 283 são altamente variáveis, enquanto o Gly53 é conservado no grau 7 e o Tyr289 é conservado no grau 6, embora não existam dados suficientes para atribuir de forma fiável a conservação do Tyr289. Em particular, as estirpes da gripe pandémica têm Ile ou Val hidrofóbicos na posição 100, enquanto o consenso é o resíduo Arg carregado positivamente (figura 3). O significado de outros agrupamentos altamente variáveis continua por estabelecer. Em particular, a NP foi detectada na superfície das células infectadas, o que permite a sua deteção pelo sistema imunitário do hospedeiro (Yewdell, Frank e Gerhard, 1981). A pressão evolutiva para evitar o sistema imunitário do hospedeiro pode explicar parte desta variação.

2.4.2. Potencial de ligação de ligandos de moléculas pequenas

Foi encontrado um potencial de ligação significativo para ligandos de pequenas moléculas na bolsa de ligação da alça da cauda. Alguns dos sítios mais bem classificados, como F1 e F2, foram encontrados aqui na proximidade de resíduos altamente conservados (quadro 2). Esta bolsa já foi explorada para o desenvolvimento de inibidores do vírus da gripe com a atividade inibitória mais forte (IC) de IC50 = 2,7 pM demonstrada por uma molécula orgânica (Shen et al., 2011). Com base nos nossos resultados, é possível prever que os compostos que visam esta bolsa não são susceptíveis de se tornarem ineficazes devido à resistência do vírus, uma vez que os resíduos nesta bolsa são altamente conservados entre os subtipos de vírus e os diferentes organismos hospedeiros. Um estudo de Kao et al. (2010) identificou a nucleozina e análogos como um inibidor da replicação com um IC_{50} entre 0,07 e 0,33 pM para diferentes isolados de vírus. Uma mutação Tyr289His foi identificada como a única mutação que contribuiu para a resistência de um mutante de fuga após cinco passagens de seleção, indicando que o local de ligação da nucleozina está localizado perto de Tyr289. Isto corresponde ao local de ligação Q9 identificado no presente estudo (quadro 9), que não está localizado perto de uma região altamente conservada, o que explica o aparecimento de mutantes de fuga no estudo anterior.

Outro potencial sítio de ligação para ligandos de pequenas moléculas na região de ligação ao ARN foi detectado como sítios F3, F8 e Q1, Q6. Estes locais de ligação estão próximos de uma hélice altamente conservada, pelo que é pouco provável que se desenvolva resistência aos inibidores. O resíduo Tyr78 próximo de Q1 está localizado num loop flexível, o que pode permitir o acesso de ligandos de pequenas moléculas a Q1. Foi demonstrado que a flexibilidade dos dois loops que ultrapassam o Q1 é necessária para a atividade da NP (Tarus et al., 2012). Assim, qualquer ligando que se ligue ao Q1 e que interaja com resíduos do loop, como Tyr78, poderia reduzir a flexibilidade do loop e inibir a ligação do ARN. Esse local de ligação ainda não foi explorado para o desenvolvimento de inibidores do vírus da gripe. No entanto, recentemente, o medicamento anti-inflamatório naproxeno demonstrou inibir a ligação do ARN à NP e reduzir os títulos virais com EC50 = 11 pM (Lejal et al., 2013). Com base em docagem molecular e mutagénese específica do local, foi detectado um local de ligação na proximidade de Q2. As mutações Tyr148Ala e Arg361Ala aboliram a capacidade do naproxeno para inibir a ligação ao ARN. Além disso, não foram detectadas mutações de escape após seis passagens de seleção, como seria de esperar com base na nossa análise de conservação do sítio de ligação Q2 apresentado no quadro 2.

Outros locais de ligação estão também em contacto com resíduos de aminoácidos conservados, como Q10 e F9. Embora estes sítios de ligação tenham recebido classificações baixas do algoritmo de deteção, o exemplo da nucleozina acima referido (Kao et al., 2010) mostra que mesmo os sítios de ligação com classificações baixas têm potencial para ligar pequenas moléculas orgânicas, possivelmente devido a uma alteração conformacional da proteína, que os algoritmos de deteção de sítios de ligação não têm em conta.

Alguns sítios de ligação de classificação inferior podem estar envolvidos nas interações NP-NP, uma vez que a NP existe como oligómeros no complexo ribonucleoproteína.

2.4.3. Conclusão

Um estudo de 4430 sequências de nucleoproteínas revela uma elevada conservação de sequências que se sobrepõe a potenciais sítios de ligação, tornando a nucleoproteína um excelente alvo para a descoberta de medicamentos antivirais de pequenas moléculas. Visar a bolsa de ligação da alça da cauda ou potenciais sítios de ligação perto da região de ligação do ARN são as estratégias mais promissoras para antivíricos que provavelmente não conduzirão a resistência no futuro, uma vez que os sítios de ligação são conservados entre diferentes subtipos e hospedeiros.

Além disso, é provável que os antivíricos que visam estes sítios sejam universalmente eficazes contra os vírus de origem aviária, suína ou humana.

Agradecimentos

Este trabalho foi apoiado pela School of Life and Medical Sciences da Universidade de Hertfordshire, Reino Unido, e utilizou as instalações de computação de alto desempenho do Science and Technology Research Institute.

Referências

Ashkenazy, H., Erez, E., Martz, E., Pupko, T., e Ben-Tal, N. (2010). ConSurf 2010: cálculo da conservação evolutiva na sequência e estrutura de proteínas e ácidos nucleicos. *Nucleic Acids Res* **38**(Web Server issue), W529-33.

Bao, Y., Bolotov, P., Dernovoy, D., Kiryutin, B., Zaslavsky, L., Tatusova, T., Ostell, J., e Lipman, D. (2008). O recurso do vírus da gripe no Centro Nacional de Informação Biotecnológica. *J Virol* **82**(2), 596-601.

Berman, H. M., Westbrook, J., Feng, Z., Gilliland, G., Bhat, T. N., Weissig, H., Shindyalov, I. N., e Bourne, P. E. (2000). O Banco de Dados de Proteínas. *Nucleic Acids Res* **28**(1), 235-42.

Brenke, R., Kozakov, D., Chuang, G. Y., Beglov, D., Hall, D., Landon, M. R., Mattos, C., e Vajda, S. (2009). Identificação, com base em fragmentos, de "pontos quentes" de proteínas passíveis de serem tratados com medicamentos, utilizando técnicas de correlação do domínio de Fourier. *Bioinformatics* **25**(5), 621-627.

Celniker, G., Nimrod, G., Ashkenazy, H., Glaser, F., Martz, E., Mayrose, I., Pupko, T., e Ben-Tal, N. (2013). ConSurf: Usando dados evolutivos para levantar hipóteses testáveis sobre a função da proteína. *Israel Journal of Chemistry* **53**(34), 199-206.

Chan, W. H., Ng, A. K. L., Robb, N. C., Lam, M. K. H., Chan, P. K. S., Au, S. W. N., Wang, J. H., Fodor, E., e Shaw, P. C. (2010). Functional Analysis of the Influenza Virus H5N1 Nucleoprotein Tail Loop Reveals Amino Acids That Are Crucial for Oligomerization and Ribonucleoprotein Activities. *Journal of Virology* **84**(14), 7337-7345.

Chenavas, S., Estrozi, L. F., Slama-Schwok, A., Delmas, B., Di Primo, C., Baudin, F., Li, X., Crepin, T., e Ruigrok, R. W. (2013). Nucleoproteína monomérica do vírus da gripe A. *PLoS Pathog* **9**(3), e1003275.

Coloma, R., Valpuesta, J. M., Arranz, R., Carrascosa, J. L., Ortin, J., e Martin-Benito, J. (2009). A estrutura de um complexo ribonucleoproteico biologicamente ativo do vírus da gripe. *Plos Pathogens* **5**(6).

Cox, N. J., e Subbarao, K. (2000). Global epidemiology of influenza: Past and present. *Revisão Anual de Medicina* **51**, 407-421.

Cros, J. F., Garcia-Sastre, A., e Palese, P. (2005). Um NLS não convencional é fundamental para a importação nuclear da nucleoproteína e da ribonucleoproteína do vírus da gripe A. *Traffic* **6**(3), 205-13.

Cuong, C. D., Le, Q. S., Gascuel, O., e Vinh, S. L. (2010). FLU, um modelo de substituição de aminoácidos para as proteínas da gripe. *Bmc Evolutionary Biology* **10**, 99.

Darapaneni, V., Prabhaker, V. K., e Kukol, A. (2009). A análise em grande escala das sequências do vírus da gripe A revela potenciais locais-alvo de drogas de proteínas não estruturais. *Jornal de Virologia Geral* **90**, 2124-2133.

Das, K., Aramini, J. M., Ma, L. C., Krug, R. M., e Arnold, E. (2010). Structures of influenza A proteins and insights into antiviral drug targets (Estruturas das proteínas da gripe A e perspectivas sobre alvos de medicamentos antivirais). *Nature Structural & Molecular Biology* **17**(5), 530-538.

Davey, J., Dimmock, N. J., e Colman, A. (1985). Identificação da sequência responsável pela acumulação nuclear da nucleoproteína do vírus da gripe em oócitos de Xenopus. *Cell* **40**(3), 667-75.

Dawood, F. S., Iuliano, A. D., Reed, C., Meltzer, M. I., Shay, D. K., Cheng, P. Y., Bandaranayake, D., Breiman, R. F., Brooks, W. A., Buchy, P., Feikin, D. R., Fowler, K. B., Gordon, A., Hien, N. T., Horby, P., Huang, Q. S., Katz, M. A., Krishnan, A., Lal, R., Montgomery, J. M., Molbak, K., Pebody, R., Presanis, A. M., Razuri, H., Steens, A., Tinoco, Y. O., Wallinga, J., Yu, H. J., Vong, S., Bresee, J., e Widdowson, M. A. (2012). Estimativa da mortalidade global associada aos primeiros 12 meses de circulação do vírus da pandemia de gripe A H1N1 de 2009: um estudo de modelização. *Lancet Infectious Diseases* **12**(9), 687-695.

Du, J., Cross, T. A., e Zhou, H. X. (2012). Progressos recentes na conceção de medicamentos contra a gripe baseados na estrutura . *Drug discovery today* **17**(19-20), 1111-1120.

Edgar, R. C. (2004a). MUSCLE: um método de alinhamento de sequências múltiplas com complexidade temporal e espacial reduzida. *BMC Bioinformatics* **5**, 1-19.

Edgar, R. C. (2004b). MUSCLE: alinhamento de sequências múltiplas com alta precisão e alto rendimento. *Nucleic Acids Res* **32**(5), 1792-1797.

Ferraris, O., e Lina, B. (2008). Mutações da neuraminidase implicadas na resistência aos inibidores da neuraminidase. *Journal of Clinical Virology* **41**(1), 13-19.

Fuller, J. C., Burgoyne, N. J., e Jackson, R. M. (2009). Predicting druggable binding sites at the protein-protein interface (Previsão de sítios de ligação farmacológica na interface proteína-proteína). *Drug Discovery Today* **14**(3-4), 155-161.

Futami, R., Llorens, C., Vicente-Ripolles, M., e Moya, A. (2008). O servidor de conversão de formatos de alinhamento 1.0. *Biotechvana Bioinformatics* **Collections 2008,** Scripts.

Gog, J. R., Afonso, E. D., Dalton, R. M., Leclercq, I., Tiley, L., Elton, D., von

Kirchbach, J. C., Naffakh, N., Escriou, N., e Digard, P. (2007). A conservação de códons no genoma do vírus da gripe A define sinais de empacotamento de RNA. *Nucleic Acids Res* **35**(6), 1897-1907.

Guindon, S., Dufayard, J. F., Lefort, V., Anisimova, M., Hordijk, W., e Gascuel, O. (2010). Novos algoritmos e métodos para estimar filogenias de máxima verosimilhança: avaliação do desempenho do PhyML 3.0. *Syst Biol* **59**(3), 307-21.

Haller, O., Staeheli, P., e Kochs, G. (2007). Proteínas Mx induzidas por interferão na defesa antiviral do hospedeiro. *Biochimie* **89**(6-7), 812-818.

Henikoff, S., e Henikoff, J. G. (1992). Matrizes de substituição de aminoácidos a partir de blocos de proteínas. *Proc Natl Acad Sci U S A* **89**(22), 10915-10919.

Horimoto, T., e Kawaoka, Y. (2005). Influenza: Lessons from past pandemics, warnings from current incidents (Lições de pandemias passadas, avisos de incidentes actuais). *Nature Reviews Microbiology* **3**(8), 591-600.

Huang, Y., Niu, B. F., Gao, Y., Fu, L. M., e Li, W. Z. (2010). CD-HIT Suite: um servidor Web para agrupamento e comparação de sequências biológicas. *Bioinformatics* **26**(5), 680-682.

Hutchinson, E. C., e Fodor, E. (2012). Importação nuclear da maquinaria transcricional do vírus da gripe A. *Vaccine* **30**(51), 7353-7358.

Johnson, N. P. A. S., e Mueller, J. (2002). Atualização das contas: mortalidade global da pandemia de gripe "espanhola" de 1918-1920. *Bulletin of the History of Medicine* **76**(1), 105-115.

Kao, R. Y., Yang, D., Lau, L. S., Tsui, W. H. W., Hu, L. H., Dai, J., Chan, M. P., Chan, C. M., Wang, P., Zheng, B. J., Sun, J. A., Huang, J. D., Madar, J., Chen, G. H., Chen, H. L., Guan, Y., e Yuen, K. Y. (2010). Identificação da nucleoproteína da gripe A como um alvo antiviral. *Nature Biotechnology* **28**(6), 600-U88.

Landau, M., Mayrose, I., Rosenberg, Y., Glaser, F., Martz, E., Pupko, T., e Ben-Tal, N.

(2005). ConSurf 2005: a projeção de pontuações de conservação evolutiva de resíduos em estruturas proteicas. *Nucleic Acids Res* **33**(Web Server issue), W299-302.

Laurie, A. T. R., e Jackson, R. M. (2005). Q-SiteFinder: um método baseado em energia para a previsão de sítios de ligação proteína-ligante. *Bioinformatics* **21**(9), 19081916.

Leibler, J. H., Otte, J., Roland-Holst, D., Pfeiffer, D. U., Magalhaes, R. S., Rushton, J., Graham, J. P., e Silbergeld, E. K. (2009). Industrial Food Animal Production and Global Health Risks: Exploring the Ecosystems and Economics of Avian Influenza (Explorando os Ecossistemas e a Economia da Gripe Aviária). *Ecohealth* **6**(1), 58-70.

Lejal, N., Tarus, B., Bouguyon, E., Chenavas, S., Bertho, N., Delmas, B., Ruigrok, R. W. H., Di Primo, C., e Slama-Schwok, A. (2013). Descoberta baseada em estrutura das novas propriedades antivirais do naproxeno contra a nucleoproteína do vírus influenza A. *Agentes Antimicrobianos e Quimioterapia* **57**(5), 2231-2242.

Li, Z., Watanabe, T., Hatta, M., Watanabe, S., Nanbo, A., Ozawa, M., Kakugawa, S., Shimojima, M., Yamada, S., Neumann, G., e Kawaoka, Y. (2009). Análise mutacional de aminoácidos conservados na nucleoproteína do vírus da gripe A. *Journal of Virology* **83**(9), 4153-4162.

Lin, Y. P., Shaw, M., Gregory, V., Cameron, K., Lim, W., Klimov, A., Subbarao, K., Guan, Y., Krauss, S., Shortridge, K., Webster, R., Cox, N., e Hay, A. (2000). Avian-to-human transmission of H9N2 subtype influenza A viruses: Relação entre os isolados humanos H9N2 e H5N1. *Proc Natl Acad Sci U S A* **97**(17), 9654-9658.

Manz, B., Dornfeld, D., Gotz, V., Zell, R., Zimmermann, P., Haller, O., Kochs, G., e Schwemmle, M. (2013). Os vírus da gripe pandémica A escapam à restrição do MxA humano através de mutações adaptativas na nucleoproteína. *PLoS Pathog*

9(3), e1003279.

Marklund, J. K., Ye, Q. Z., Dong, J. H., Tao, Y. J., e Krug, R. M. (2012). Sequência na nucleoproteína do vírus da gripe A necessária para a ligação da polimerase viral e a síntese de RNA. *Journal of Virology* **86**(13), 7292-7297.

Mayrose, I., Graur, D., Ben-Tal, N., e Pupko, T. (2004). Comparação de métodos de inferência de taxa específicos do local para sequências de proteínas: Os métodos bayesianos empíricos são superiores. *Molecular Biology and Evolution* **21**(9), 1781-1791.

Mena, I., Jambrina, E., Albo, C., Perales, B., Ortin, J., Arrese, M., Vallejo, D., e Portela, A. (1999). Análise mutacional da nucleoproteína do vírus da gripe A: Identificação de mutações que afectam a replicação do ARN. *Journal of Virology* **73**(2), 1186-1194.

Ng, A. K., Zhang, H., Tan, K., Li, Z., Liu, J. H., Chan, P. K., Li, S. M., Chan, W. Y., Au, S. W., Joachimiak, A., Walz, T., Wang, J. H., e Shaw, P. C. (2008). Structure of the influenza virus A H5N1 nucleoprotein: implications for RNA binding, oligomerization, and vaccine design. *FASEB J* **22**(10), 3638-47.

Ng, A. K. L., Wang, J. H., e Shaw, P. C. (2009). Análise da estrutura e da sequência da nucleoproteína do vírus da gripe A. *Ciência na China Série C-Ciências da Vida* **52**(5), 439-449.

Portela, A., e Digard, P. (2002). The influenza virus nucleoprotein: a multifunctional RNA-binding protein pivotal to virus replication. *Journal of General Virology* **83**, 723-734.

Rahman, M., Bright, R. A., Kieke, B. A., Donahue, J. G., Greenlee, R. T., Vandermause, M., Balish, A., Foust, A., Cox, N. J., Klimov, A. I., Shay, D. K., e Belongia, E. A. (2008). Infeção por influenza resistente ao adamantano durante a temporada 2004-05. *Doenças Infecciosas Emergentes* **14**(1), 173-176.

Sayle, R. A., e Milnerwhite, E. J. (1995). Rasmol - Gráficos biomoleculares para todos.

Tendências em Ciências Bioquímicas **20**(9), 374-376.

Schueler-Furman, O., e Baker, D. (2003). Conserved residue clustering and protein structure prediction (Agrupamento de resíduos conservados e previsão da estrutura de proteínas). *Proteins-Structure Function and Genetics* **52**(2), 225-235.

Shen, Y. F., Chen, Y. H., Chu, S. Y., Lin, M. I., Hsu, H. T., Wu, P. Y., Wu, C. J., Liu, H. W., Lin, F. Y., Lin, G., Hsu, P. H., Yang, A. S., Cheng, Y. S. E., Wu, Y. T., Wong, C. H., e Tsai, M. D. (2011). E339 ... R416 ponte salina da nucleoproteína como um alvo viável para inibidores do vírus da gripe. *Proc Natl Acad Sci USA* **108**(40), 16515-16520.

Shu, L. L., Bean, W. J., e Webster, R. G. (1993). Analysis of the Evolution and Variation of the Human Influenza-a Virus Nucleoprotein Gene from 1933 to 1990 (Análise da evolução e variação do gene da nucleoproteína do vírus da gripe humana de 1933 a 1990). *Journal of Virology* **67**(5), 2723-2729.

Tarus, B., Chevalier, C., Richard, C. A., Delmas, B., Di Primo, C., e Slama-Schwok, A. (2012). Estudos de dinâmica molecular da nucleoproteína do vírus da gripe A: Papel da flexibilidade da proteína na ligação ao RNA. *PLoS ONE* **7**(1).

Wang, P., Palese, P., e ONeill, R. E. (1997). O sítio de ligação NPI-1/NPI-3 (Karyopherin alpha) na nucleoproteína NP do vírus da gripe A é um sinal de localização nuclear não convencional. *Journal of Virology* **71**(3), 1850-1856.

Waterhouse, A. M., Procter, J. B., Martin, D. M. A., Clamp, M., e Barton, G. J. (2009). Jalview Version 2-a multiple sequence alignment editor and analysis workbench. *Bioinformatics* **25**(9), 1189-1191.

Weber, F., Kochs, G., Gruber, S., e Haller, O. (1998). Um sinal clássico de localização nuclear bipartido nas nucleoproteínas de Thogoto e do vírus da gripe A. *Virologia* **250**(1), 9-18.

OMS (2009). Gripe (sazonal). *Ficha informativa* **n.º 211**.

OMS (2013). Missão conjunta China-OMS sobre a infeção humana pelo vírus da gripe aviária A (H7N9), Vol. 2013, Bejing.

Wu, S. T., Skolnick, J., e Zhang, Y. (2007). Modelação ab initio de pequenas proteínas por simulações iterativas TASSER. *Bmc Biology* **5**.

Wu, W. W., e Pante, N. (2009). A direccionalidade do transporte nuclear do genoma da gripe A é determinada pela exposição selectiva de sequências de localização nuclear na nucleoproteína. *Virol J* **6**, 68.

Xu, J. P., Christman, M. C., Donis, R. O., e Lu, G. Q. (2011). Dinâmica evolutiva das linhagens de nucleoproteínas (NP) da gripe A revelada por análises de sequências em grande escala. *Infection Genetics and Evolution* **11**(8), 2125-2132.

Ye, Q. Z., Krug, R. M., e Tao, Y. Z. J. (2006). O mecanismo pelo qual a nucleoproteína do vírus da gripe A forma oligómeros e se liga ao ARN. *Nature* **444**(7122), 1078-1082.

Yewdell, J. W., Frank, E., e Gerhard, W. (1981). Expressão de antigénios internos do vírus da gripe a na superfície de células P815 infectadas. *Journal of Immunology* **126**(5), 1814-1819.

Zhang, Y. (2008). Servidor I-TASSER para a previsão da estrutura 3D de proteínas. *BMC Bioinformatics* **9**, 40.

3. SÍTIOS DE LIGAÇÃO DA NUCLEOPROTEÍNA DO VÍRUS INFLUENZA A AOS ANTIVIRAIS: INVESTIGAÇÃO ACTUAL E POTENCIAL FUTURO

Andreas Kukol & Hershna Patel

Escola de Ciências Médicas e da Vida, Universidade de Hertfordshire, Hatfield AL10 9AB, Reino Unido

Citação original: *Kukol, A., & Patel, H. (2014). Locais de ligação da nucleoproteína da gripe A para antivirais: pesquisa atual e potencial futuro. Future Virology, 9(7), 625-627. DOI: 10.2217/fvl.14.45*

O vírus da gripe A é um importante agente patogénico humano e agrícola que causa anualmente epidemias recorrentes de uma doença respiratória que provoca 250 000 a 500 000 mortes humanas em todo o mundo [1], bem como perdas significativas entre as aves domésticas [2]. Além disso, registaram-se várias pandemias, incluindo a mais recente "gripe suína", com um número de mortes estimado em 284 000 pessoas no primeiro ano [3]. Devido à sua capacidade de rearranjo genético, ou seja, de troca de segmentos de ARN entre diferentes estirpes de vírus, quando um indivíduo é infetado por duas estirpes diferentes ao mesmo tempo, podem surgir novas estirpes pandémicas no futuro [4]. Isto é facilitado pelo contacto próximo dos seres humanos com aves domesticadas que ocorre em algumas partes da Ásia Oriental. Os subtipos actuais do vírus da gripe aviária A que são motivo de preocupação são o vírus H5N1, que causou 386 mortes até janeiro de 2014, e o vírus H7N9, que causou 45 mortes até outubro de 2013 [5]. A preocupação é que estes vírus aviários altamente patogénicos possam adquirir a capacidade de transmissão eficaz entre humanos. Tendo em conta a história do vírus e a taxa de transmissão, a ocorrência de outra pandemia não deve ser subestimada.

A vacina contra a gripe sazonal, formulada contra as estirpes em circulação previstas, não pode proporcionar uma proteção a longo prazo e deve ser administrada pelo menos duas semanas antes da ocorrência da infeção. Os antivirais podem ser utilizados para tratar os doentes após a ocorrência de uma infeção. Os antivíricos atualmente disponíveis na maioria dos países incluem os inibidores dos canais de protões M2, a amantadina/rimantadina e os inibidores da neuraminidase. Atualmente, muitas estirpes de vírus são resistentes aos inibidores do canal M2 mais antigos, ao passo que está a surgir resistência aos inibidores da neuraminidase mais recentes [6]. Na opinião dos autores, o problema da resistência emergente afirma a necessidade de investigar outras proteínas virais como alvos de medicamentos, bem como de incluir o registo evolutivo destas proteínas nas fases iniciais da caraterização dos alvos e da descoberta de medicamentos, tal como exemplificado pelos estudos da proteína não estrutural [7] ou da nucleoproteína [8].

O vírus da gripe A pertence à família Orthomyxoviridae e tem um invólucro lipídico/proteico que envolve oito segmentos de ARN de cadeia negativa, associados à nucleoproteína (NP) e às três subunidades da polimerase PA, PB1 e PB2. O genoma viral codifica até 17 proteínas, cuja expressão depende da estirpe específica do vírus (revisto em [9]). A classificação em subtipos I I.*vNr* é determinada pelas propriedades antigénicas das proteínas de superfície hemaglutinina e neuraminidase; até agora, foram identificados 18 subtipos de hemaglutinina e 11 subtipos de neuraminidase. O segmento cinco do ARN codifica a nucleoproteína (NP), que consiste em 496 resíduos de aminoácidos. A estrutura da NP de um vírus H1N1 [10] e de um vírus H5N1 [11] foi determinada por cristalografia de raios X. A NP pode ser dividida em três domínios, nomeadamente um domínio da cabeça, um domínio do corpo e uma ansa flexível da cauda. A principal função da NP é participar na formação de complexos de ribonucleoproteínas (RNP) que incluem a NP, o ARN viral e as três subunidades da polimerase PA, PB1 e PB2. Na partícula viral, o ARN é enrolado em torno das moléculas de NP, ligando-se a uma ranhura de ligação ao ARN rica em arginina, enquanto a NP forma oligómeros através da inserção da alça da cauda de um monómero de NP na bolsa de ligação da alça da cauda de outro monómero de NP, envolvendo uma interação iónica entre Glu339 e Arg416. A NP tem múltiplas funções durante a replicação do vírus, que incluem o tráfico de RNP, facilitando a síntese do ARN viral, a regulação da polimerase e a interação com proteínas celulares [12]. A sequência de aminoácidos da NP apresenta vários sinais de localização nuclear (NLS), que são importantes para a importação nuclear do complexo da polimerase. No terminal N encontra-se um NLS não convencional, que é desativado após a fosforilação de Ser-3 . Foram encontradas NLS adicionais no sulco de ligação ao ARN entre os resíduos 198 e 216 e entre os resíduos 320 e 400 com base em estudos de deleção. O NLS não convencional N-terminal parece ser o principal fator determinante da importação nuclear [13], enquanto um sinal de acumulação nuclear entre os resíduos 327 e 345 pode causar a retenção da NP no núcleo [14]. Em conjunto, as importantes funções da NP, das quais depende o êxito da infeção, fazem desta proteína um alvo promissor para o desenvolvimento de inibidores da replicação do vírus da gripe A.

A descoberta e o desenvolvimento de medicamentos é um processo moroso e dispendioso, que sublinha a necessidade de uma caraterização exaustiva do alvo do medicamento no início. Há muitos exemplos de insucesso de ensaios clínicos devido à escolha de um medicamento-alvo inadequado. No caso do vírus da gripe e de outros vírus ARN, um outro problema é a elevada taxa de mutação devido à falta de capacidade de leitura da polimerase do ARN viral [15]. Este facto pode tornar infrutíferos anos de esforços de desenvolvimento de medicamentos, poucos anos depois de o medicamento ser comercializado, devido ao desenvolvimento de resistência. Para além das mutações, a variabilidade genética surge como consequência da rearticulação genética entre diferentes estirpes de vírus, um processo que ocorre frequentemente em suínos que podem ser infectados tanto por vírus aviários como por vírus humanos. O recente vírus da gripe suína H1N1 resultou de um rearranjo complexo de elementos genéticos do H3N2 humano, do H1N1 suíno e do H1N1 aviário [16]. Nas fases iniciais da caraterização dos alvos dos medicamentos antigripais, é, por conseguinte, da maior importância considerar a conservação das sequências entre todos os possíveis hospedeiros e subtipos, juntamente com os potenciais sítios de ligação para os medicamentos antivirais. Tanto quanto é do nosso conhecimento, existem dois estudos que adoptaram esta abordagem para a proteína não estrutural 1 e a proteína de exportação nuclear [7] e para a nucleoproteína [8].

Para a nucleoproteína, foram analisadas 4430 sequências de aminoácidos utilizando uma combinação de alinhamento de sequências múltiplas e árvores evolutivas, tal como implementado no método ConSurf [17]. É essencial incorporar as relações evolutivas entre as sequências, uma vez que o conteúdo das bases de dados de sequências não contém uma amostra aleatória de sequências. A incorporação da árvore evolutiva garante que a conservação obtida a partir de sequências estreitamente relacionadas na evolução tem um peso menor do que a conservação obtida a partir de sequências distantes na evolução. A conservação das sequências foi combinada com a previsão de locais de ligação para pequenas moléculas orgânicas. Os resultados identificaram sítios de ligação previstos que se sobrepunham a uma elevada conservação evolutiva. Um local de ligação identificado foi a bolsa de ligação do loop da cauda, que mostrou uma elevada conservação dos resíduos Ser165, Arg267, His272, Glu339, Arg342 e Phe489. Outro potencial local de ligação com elevada conservação foi detectado na região de ligação ao ARN; envolveu os locais altamente conservados Gln58, Thr62, Tyr78, Tyr97, Ser141, Thr134, His135, Thr171 e Lys273. Outros locais de ligação conservados foram encontrados perto dos resíduos conservados Glu339, Asp340 e Arg74, Arg175 e Asp145, Arg150. Alguns destes locais já foram alvo de inibidores experimentais, como a bolsa de ligação do loop da cauda, para a qual foi descoberta uma molécula orgânica que mostrou uma atividade inibidora (IC) de $IC_{50} = 2,7$ pM [18]. Demonstrou-se que o anti-inflamatório naproxeno se liga perto de Asp145, Arg150 e reduziu os títulos virais com um $IC_{50} =$ 11 pM [19]. A principal razão para investigar sítios de ligação conservados para a descoberta de medicamentos é a hipótese de que é difícil para o vírus tornar-se resistente contra inibidores dirigidos a esses sítios. Curiosamente, este facto foi confirmado por estudos experimentais recentes. O naproxeno foi utilizado durante seis passagens de seleção e não foram encontrados mutantes resistentes [19], enquanto noutro estudo o inibidor nucleozina e análogos foram investigados e, após cinco passagens de seleção, foi encontrado um mutante resistente com uma mutação Tyr289His [20]. Tyr289 juntamente com Arg305 e Arg309 fazem parte de um sítio de ligação previsto no estudo anterior [8] que não foi altamente conservado. Na posição

289, o aminoácido

foram encontrados resíduos Tyr, Phe e His, enquanto Arg305 e Arg309 foram ainda menos conservados.

Em conclusão, devido às suas múltiplas funções, a nucleoproteína do vírus da gripe A é um alvo válido para os medicamentos antivirais e foram identificados vários sítios de ligação conservados evolutivamente que podem constituir pontos de partida para o desenvolvimento futuro de medicamentos antivirais [8]. A investigação experimental inicial dos inibidores da replicação indica que os inibidores dirigidos a sítios de ligação altamente conservados têm menos potencial para induzir resistência do que os inibidores dirigidos a sítios menos conservados [19,20]. Acreditamos que a estratégia de combinar a análise da conservação das sequências com a previsão dos sítios de ligação deve ser aplicada não só a outras proteínas do vírus da gripe A, mas também, em geral, à descoberta de medicamentos antivíricos, conduzindo a melhores formas de obter proteção antivírica no futuro.

Divulgação de interesses financeiros e concorrentes

Os autores não têm afiliações relevantes ou envolvimento financeiro com qualquer organização ou entidade com um interesse financeiro ou conflito financeiro com o assunto ou materiais discutidos no manuscrito. Isto inclui emprego, consultadoria, honorários, posse de acções ou opções, testemunho de especialistas, subsídios ou patentes recebidas ou pendentes, ou royalties. Não foi utilizada qualquer assistência à redação na produção deste manuscrito.

Referências

1. OMS. Gripe (sazonal). *Ficha informativa*, n.º 211 (2009).
2. Leibler JH, Otte J, Roland-Holst D *et al.* Industrial Food Animal Production and Global Health Risks: Exploring the Ecosystems and Economics of Avian Influenza (Explorando os ecossistemas e a economia da gripe aviária).

Ecohealth, 6(1), 58-70 (2009).

3.   Dawood FS, Iuliano AD, Reed C *et al.* Mortalidade global estimada associada aos primeiros 12 meses de circulação do vírus da pandemia de gripe A H1N1 de 2009: um estudo de modelização. *Lancet Infect Dis,* 12(9), 687-695 (2012).

4.   Lin YP, Shaw M, Gregory V *et al.* Transmissão de vírus da gripe A do subtipo H9N2 entre aves e seres humanos: Relationship between H9N2 and H5N1 human isolates. *Actas da Academia Nacional de Ciências dos Estados Unidos da América,* 97(17), 9654-9658 (2000).

5.   OMS. Missão conjunta China-OMS sobre a infeção humana pelo vírus da gripe aviária A (H7N9). (EdA(Eds) (Bejing, 2013)

6.   Samson M, Pizzorno A, Abed Y, Boivin G. Resistência do vírus da gripe aos inibidores da neuraminidase. *Antiviral Research*, 98(2), 174-185 (2013).

7.   Darapaneni V, Prabhaker VK, Kukol A. Large-scale analysis of influenza A virus sequences reveals potential drug target sites of non-structural proteins. *Journal of General Virology,* 90, 2124-2133 (2009).

8.   Kukol A, Hughes DJ. A análise em grande escala da conservação da sequência da nucleoproteína do vírus da gripe A revela potenciais locais alvo de medicamentos. *Virologia*, 454-455, 40-47 (2014).

9.   Vasin AV, Temkina OA, Egorov VV, Klotchenko SA, Plotnikova MA, Kiselev OI. Mecanismos moleculares que reforçam o proteoma dos vírus da gripe A: An overview of recently discovered proteins. *Virus Res,* 185C, 53-63 (2014).

10.   Ye QZ, Krug RM, Tao YZJ. O mecanismo pelo qual a nucleoproteína do vírus da gripe A forma oligómeros e se liga ao ARN. *Nature*, 444(7122), 1078-1082 (2006).

11.   Ng AK, Zhang H, Tan K *et al.* Structure of the influenza virus A H5N1 nucleoprotein: implications for RNA binding, oligomerization, and vaccine design. *FASEB J,* 22(10), 3638-3647 (2008).

12.   Li Z, Watanabe T, Hatta M *et al.* Mutational Analysis of Conserved Amino Acids in the Influenza A Virus Nucleoprotein (Análise mutacional de

aminoácidos conservados na nucleoproteína do vírus da gripe A). *Journal of Virology,* 83(9), 4153-4162 (2009).

13. Cros JF, Garcia-Sastre A, Palese P. An unconventional NLS is critical for the nuclear import of the influenza A virus nucleoprotein and ribonucleoprotein. *Traffic,* 6(3), 205-213 (2005).

14. Davey J, Dimmock NJ, Colman A. Identification of the sequence responsible for the nuclear accumulation of the influenza virus nucleoprotein in Xenopus oocytes. *Cell,* 40(3), 667-675 (1985).

15. Holland J, Spindler K, Horodyski F, Grabau E, Nichol S, Vandepol S. Rapid Evolution of Rna Genomes. *Science,* 215(4540), 1577-1585 (1982).

16. Smith GJD, Vijaykrishna D, Bahl J *et al.* Origins and evolutionary genomics of the 2009 swine-origin H1N1 influenza A epidemic. *Nature,* 459(7250), 1122-U1107 (2009).

17. Ashkenazy H, Erez E, Martz E, Pupko T, Ben-Tal N. ConSurf 2010: cálculo da conservação evolutiva na sequência e estrutura de proteínas e ácidos nucleicos. *Nucleic acids research,* 38(Web Server issue), W529-533 (2010).

18. Shen YF, Chen YH, Chu SY *et al.* E339 ... Ponte salina R416 da nucleoproteína como um alvo viável para inibidores do vírus da gripe. *Actas da Academia Nacional de Ciências dos Estados Unidos da América,* 108(40), 16515-16520 (2011).

19. Lejal N, Tarus B, Bouguyon E *et al.* Descoberta baseada na estrutura das novas propriedades antivirais do naproxeno contra a nucleoproteína do vírus da gripe A. *Antimicrob Agents Ch,* 57(5), 2231-2242 (2013).

20. Kao RY, Yang D, Lau LS *et al.* Identificação da nucleoproteína da gripe A como um alvo antiviral. *Nature Biotechnology,* 28(6), 600-U688 (2010).

4. A CONSERVAÇÃO EVOLUTIVA DAS SEQUÊNCIAS PB2 DO VÍRUS INFLUENZA A REVELA POTENCIAIS SÍTIOS-ALVO PARA INIBIDORES DE PEQUENAS MOLÉCULAS

Hershna Patel & Andreas Kukol

Escola de Ciências Médicas e da Vida, Universidade de Hertfordshire, Hatfield, Reino Unido

Citação original: *Patel, H., & Kukol, A. (2017). A conservação evolutiva das sequências de influenza A PB2 revela potenciais locais-alvo para inibidores de pequenas moléculas. Virologia, 509, 112-120. DOI: 10.1016/j. virol. 2017.06.009.*

Resumo - A proteína 2 da polimerase básica da gripe A (PB2) funciona como parte de um heterotrímero para replicar o genoma do ARN viral. Para investigar novos sítios-alvo antivirais da PB2, este trabalho identificou regiões evolutivamente conservadas na sequência da proteína PB2 em todos os subtipos e hospedeiros, bem como pontos quentes de ligação de ligandos que se sobrepõem a áreas altamente conservadas. Foram previstos quinze locais de ligação em diferentes domínios da PB2, alguns dos quais residem em áreas de função desconhecida. O rastreio virtual de cerca de 50 000 compostos semelhantes a fármacos revelou afinidades de ligação até 10,3 kcal/mol. Verificou-se que as moléculas de maior afinidade interagem com resíduos conservados, incluindo Gln138, Gly222, Ile529, Asn540 e Thr530. Uma biblioteca contendo 1738 medicamentos aprovados pela FDA foi analisada adicionalmente e revelou que a Paliperidona é o principal resultado com uma afinidade de ligação de -10 kcal/mol. Os ligandos previstos são pistas ideais para novos antivíricos, uma vez que foram direcionados para sítios de ligação evolutivamente conservados.

4.1. Introdução

O vírus da gripe A causa uma das infecções respiratórias virais mais prevalentes e significativas em todo o mundo, com pandemias anteriores que resultaram em taxas de mortalidade notavelmente elevadas (Taubenberger e Kash, 2010). Este facto deve-se em grande parte a A evolução contínua do genoma e a natureza zoonótica do vírus, que permite a transmissão rápida de novas estirpes re-assortantes (Reperant et al., 2012). A principal forma de prevenção contra a gripe é a vacinação anual; no entanto, esta pode nem sempre garantir uma proteção ou controlo extensivos do vírus (Chambers et al., 2015). Por conseguinte, o tratamento com medicamentos antivirais, como os inibidores da neuraminidase, é muito utilizado, embora exista uma resistência generalizada aos inibidores da proteína da matriz2 (M2). Desde a adoção destes fármacos, os subtipos de gripe A em circulação têm mostrado níveis variáveis de sensibilidade devido a mutações de aminoácidos no local-alvo dos fármacos (Hayden e De Jong, 2011; Samson et al., 2013). Por este motivo, os inibidores M2 já não são recomendados para utilização clínica (Harper et al., 2009). Consequentemente, a descoberta e a procura de novos antivíricos que não sejam susceptíveis de ser afectados por mutações de resistência é uma prioridade, tendo surgido vários candidatos a inibidores em estudos recentes (revisto em Naesens et al., (2016); Patel e Kukol, (2016)).

O ciclo de vida infecioso do vírus requer várias proteínas funcionais codificadas por oito segmentos de ARN, que são libertados na célula hospedeira, permitindo ao vírus replicar o seu genoma e suprimir a resposta imunitária (Bouvier e Palese, 2008). A proteína básica da polimerase 2 (PB2) do vírus influenza A é codificada pelo segmento um do ARN. É uma das maiores proteínas da gripe, com 759 aminoácidos, e é uma subunidade constituinte do complexo trimérico da polimerase viral, para além da proteína básica da polimerase 1 (PB1) e da polimerase ácida (PA). A transcrição e replicação do genoma viral ocorre no núcleo da célula hospedeira, e envolve uma série de etapas antes da tradução do mRNA viral no citoplasma (Fodor, 2013). Durante a transcrição, a proteína PB2 é a principal responsável pela geração da estrutura da capa para o ARNm viral a partir da extremidade 5' do ARNm do hospedeiro com capa de 7-metil guanosina trifosfato (mGTP). O mecanismo de "cap snatching" da PB2 envolve resíduos entre as posições 318-482, que reconhecem a guanosina metilada para se ligarem à cadeia de ARN da célula hospedeira. A subunidade endonuclease da

PA cliva então o ARN deixando um primer de 10-13 nucleótidos para iniciar a transcrição por PB1 (Fodor, 2013). No complexo, os 249 resíduos N-terminais da subunidade PB2 estão associados à subunidade C-terminal da PB1, que é uma interação crítica para desencadear a atividade de endonuclease da PA (Sugiyama et al., 2009). Um estudo estrutural da proteína PB2 de um vírus aviário H5N1 revelou que, após a tradução, o domínio C-terminal (resíduos 536-759) sofre uma grande reorganização conformacional entre os estados aberto e fechado. Esta flexibilidade permite que o péptido de sinal de localização nuclear (NLS) na região 686-759 se ligue à importina-a do hospedeiro, possibilitando a entrada de PB2 no núcleo da célula-alvo para catalisar a transcrição adicional de ARN (Das et al., 2010; Delaforge et al., 2015). Outras alterações conformacionais de PB2 que ocorrem em ligação com o mecanismo de cap-snatching e o tipo de ARN ligado foram também descritas no contexto do complexo completo da polimerase (Reich et al., 2014; Thierry et al., 2016).

Para além das mutações nas proteínas hemaglutinina (HA) e neuraminidase (NA), as alterações nas sequências das proteínas da polimerase são também consideradas como determinantes importantes da gama de hospedeiros e da adaptação (Mehle e Doudna, 2009; Neumann e Kawaoka, 2015). O resíduo caraterístico determinante do hospedeiro PB2 na posição 627 (sendo a lisina predominante nas estirpes humanas, o ácido glutâmico presente nas estirpes aviárias e a serina nas estirpes de morcegos) está situado numa região em anel, que, juntamente com o domínio de ligação à tampa, não estabelece um contacto extenso com as subunidades PB1 e PA (Kuzuhara et al., 2009; Pflug et al., 2014). Também se demonstrou que o domínio 535-684 tem atividade de ligação ao ARN, que é afetada pela mutação E627K e não está relacionada com a função de cap-snatching (Kuzuhara et al., 2009).

Dado que a proteína PB2 desempenha múltiplos papéis essenciais no ciclo de vida do vírus, é um alvo válido para os medicamentos antivirais. Estão disponíveis no banco de dados de proteínas (PDB) várias estruturas cristalinas para domínios específicos da subunidade PB2 nas formas holo e apo, que podem ajudar nos estudos de descoberta de medicamentos baseados na estrutura. Apesar de uma parte da área de superfície da PB2 ser inacessível devido à montagem do trímero, foram identificados inibidores da função "cap snatching" para impedir a ligação do ARNm do hospedeiro com a capa, que apresentam efeitos potentes contra várias estirpes de gripe *in vitro* (Boyd et al., 2015; Clark et al., 2014; Pautus et al., 2013). O objetivo deste trabalho foi identificar regiões altamente conservadas do PB2 utilizando um algoritmo superior à contagem da conservação a partir de alinhamentos de sequências múltiplas e identificar a sobreposição com potenciais locais de ligação de ligandos. O rastreio virtual baseado na estrutura foi utilizado para prever pequenas moléculas semelhantes a fármacos que podem ligar-se a esses sítios. Estas descobertas podem ajudar em estudos destinados a obter novos conhecimentos sobre as funções do PB2, bem como fornecer um ponto de partida para novas investigações *in vitro* de inibidores da replicação que sejam eficazes numa variedade de hospedeiros e não tenham o potencial de induzir resistência antiviral à gripe.

4.2. Métodos

3.2.1. Análise da sequência PB2 e cálculo da conservação

As sequências PB2 foram descarregadas da base de dados do National Centre for Biotechnology Information (NCBI) Influenza Virus Resource (Bao et al., 2008). Foram selecionadas sequências de comprimento total não idênticas de todos os hospedeiros, regiões e subtipos até janeiro de 2016. O servidor Web CD-HIT (Huang et al., 2010) foi utilizado para reduzir a redundância e agrupar as sequências que satisfizessem um limiar de semelhança de 98,5%, uma vez que tal permitia obter um número aceitável de sequências para análise posterior. Para cada grupo, foi mantida uma sequência representativa. Após a remoção das sequências com resíduos indefinidos, foi efectuado um alinhamento múltiplo das sequências com o programa Clustal Omega versão 1.2.1 (Sievers e Higgins, 2014). As predefinições de todos os parâmetros permaneceram inalteradas, pelo que o número de iterações da árvore-guia e as iterações do modelo de Markov oculto foram acopladas para produzir o alinhamento mais exato. O editor de alinhamento de sequências Jalview Versão 2 (Waterhouse et al., 2009) foi utilizado para analisar e editar os alinhamentos. O método de pontuação de Valdar foi aplicado para o cálculo das pontuações de conservação das sequências, uma vez que incorpora a redundância das sequências (Valdar, 2002), que consideramos crítica para a pontuação da conservação das sequências do vírus da gripe. Para efeitos de mapeamento das pontuações de Valdar na estrutura da proteína como factores beta, as pontuações foram reescalonadas entre zero e 100 (zero corresponde a baixa conservação e 100 a alta conservação) utilizando a seguinte fórmula, em que *vs* é a pontuação original de Valdar, *min* é a pontuação mínima de conservação no conjunto de dados e 1 é a pontuação máxima de conservação:

Pontuação de conservação reescalonada = (vs-min)(100 / (1-min))*

3.2.2. Modelação de proteínas

A estrutura de uma sequência de aminoácidos de comprimento total da polimerase PB2 isolada de um hospedeiro humano (A/Viet Nam/1203/2004 (H5N1)) foi prevista com o servidor I-TASSER (Yang e Zhang, 2015; Zhang, 2008). Os resíduos 483-490 e 742759, que não foram cobertos por nenhum modelo, foram modelados ab-initio. O modelo I-TASSER foi alinhado com a estrutura cristalina de A/VietNam/1203/2004 (H5N1) (PDB ID: 3L56) e as coordenadas experimentalmente conhecidas dos resíduos 542673 e 690-738 foram copiadas para o modelo. Os átomos e cadeias laterais em falta foram corrigidos com o Swiss PDB Viewer versão 4.1.0. Para remover as colisões atómicas do modelo, a minimização da energia foi efectuada com 1000 passos do algoritmo de descida mais acentuada utilizando o Gromacs versão 4.6.5. O campo de forças AMBER99SB - ILDN foi selecionado juntamente com o modelo de água TIP3P. A proteína foi solvatada em água numa caixa cúbica com condições de fronteira periódicas, e a carga do sistema químico foi neutralizada com 21 iões de sódio e NaCl adicional a uma concentração de 100 mM. O algoritmo de ewald de malha de partículas para calcular as interações electrostáticas foi utilizado com uma distância de corte no espaço real de 1,0 nm e o corte para as interações de van der Waals foi de 1,0 nm. Os resíduos com uma área de superfície exposta superior a 2,5 $Å^2$ foram considerados resíduos exteriores.

4.2.3. Previsão de pontos quentes de ligação

Os pontos quentes de ligação foram identificados com o servidor Web FTMap (Brenke et al., 2009) (http://ftmap.bu.edu/), que acopla 16 pequenas sondas moleculares orgânicas diferentes à superfície de uma proteína para localizar regiões de ligação favoráveis ou sítios "drogáveis". Estas regiões são classificadas com base na energia livre média; os sítios de baixa energia onde vários grupos de sondas se sobrepõem (consenso) são considerados como potenciais pontos quentes de ligação.

4.2.4. Seleção virtual - avaliação comparativa

Cinco compostos previamente identificados, que demonstraram inibir a replicação da gripe *in vitro* e que se ligam à polimerase PB2 (Clark et al., 2014; Pautus et al., 2013), foram utilizados para aferir os métodos de rastreio virtual, a fim de encontrar o melhor método de identificação de verdadeiros positivos. Estes compostos foram descarregados do PDB e convertidos para o formato pdbqt- com a ferramenta de preparação de rastreio AutoDock Raccoon. Os três métodos testados foram: AutoDock Vina versão 1.1.1 (Trott e Olson, 2010), AutoDock 4 (Morris e Huey, 2009) e um método de consenso usando ambos (Kukol, 2011). Para a avaliação comparativa, foram selecionadas 180 moléculas de engodo com peso molecular semelhante da biblioteca Plated 2007 do National Cancer Insitute (NCI). Os parâmetros da grelha para a avaliação comparativa foram definidos em torno da bolsa de ligação do mGTP e permaneceram os mesmos que os indicados na publicação de Pautus *et al.* (2013). As dez primeiras posições de todos os 185 compostos classificados de acordo com a sua afinidade de ligação foram consideradas para identificar os inibidores conhecidos.

4.2.5. Rastreio virtual - local de destino

Para a identificação de novos inibidores, as estruturas químicas 3D de todas as moléculas a pH 6-8 foram descarregadas da biblioteca de compostos NCI Plated 2007 da base de dados ZINC (http://zinc.docking.org/). Os compostos desta biblioteca estão disponíveis gratuitamente para a comunidade científica. Foi extraído desta biblioteca um subconjunto quimicamente diverso de moléculas agrupadas com base na semelhança estrutural dentro de um ponto de corte de Tanimoto selecionado a 80%, para obter um total de 52 172 moléculas. A biblioteca de compostos foi filtrada utilizando o software Openbabel versão 2.3.1 (O'Boyle et al., 2011) para eliminar compostos com peso molecular superior a 500g/mol e coeficiente de partição (logP) superior a cinco. Os restantes 46 926 compostos químicos foram divididos em ficheiros de ligandos individuais e guardados no formato .pdbqt utilizando a ferramenta de preparação de rastreio AutoDock Raccoon. As dimensões da caixa de grelha para a ligação ao local-alvo são apresentadas no material suplementar (S1). Os compostos considerados como "rebatedores frequentes" foram removidos passando a biblioteca de compostos pelo filtro Pan Assay Interference Compounds (PAINS) com o programa online FAF-Drugs3 (Free ADME-Tox Filtering Tool) (Baell e Holloway, 2010; Lagorce et al., 2015). Restou um total de 42.348 compostos. A biblioteca de compostos aprovada pelo DrugBank (Law et al., 2014) foi descarregada da base de dados ZINC e também analisada em relação ao sítio-alvo PB2. As interações moleculares foram analisadas com Ligplot+ versão 1.4.5 (Laskowski e Swindells, 2011).

4.3. Resultados e discussão

4.3.1. Conservação da sequência PB2

Foram obtidas 12 459 sequências de PB2 na base de dados de recursos de vírus da gripe do NCBI. Estas incluíam 31% de humanos, 16% de suínos e 50% de hospedeiros aviários. Após a remoção das sequências redundantes, restaram 702 sequências com uma identidade de 98,5%, o que indica que uma grande proporção das sequências PB2 depositadas é altamente semelhante, o que reflecte um viés na pontuação de conservação (Valdar, 2002). As pontuações de conservação calculadas a partir do alinhamento de sequências múltiplas das sequências não redundantes mostram que existe um elevado nível de conservação de aminoácidos em toda a sequência da proteína. As pontuações variaram entre 0,789 (a mais baixa) e 1,0 (a mais alta) e a maioria dos aminoácidos teve uma pontuação entre 0,95 e 1,0, como se mostra na Fig. 1.

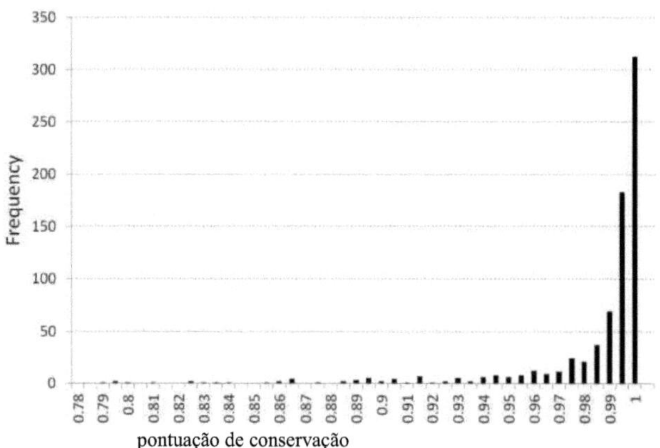

Figura 4-1: *Distribuição de frequências das pontuações de conservação de aminoácidos PB2 obtidas após o alinhamento de 702 sequências não redundantes de gripe A provenientes principalmente de hospedeiros humanos, aviários e suínos, utilizando a fórmula de pontuação de Valdar.*

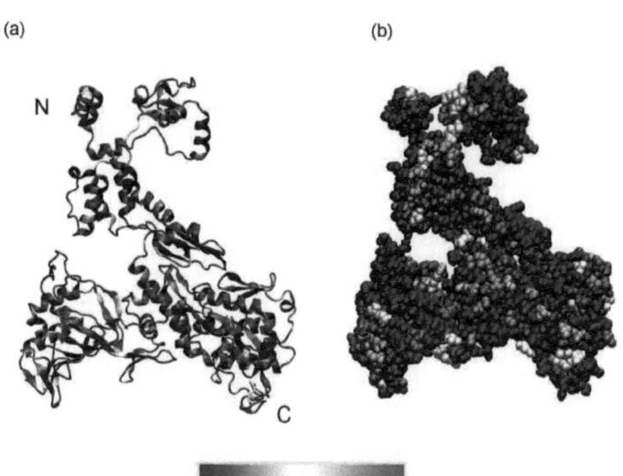

Figura 4-2: *Conservação de aminoácidos mapeada na estrutura da proteína PB2 da gripe A H5N1 mostrada em (a) representação cartográfica e (b) representação espacial.*

Para efeitos de visualização, as pontuações de conservação foram redimensionadas e mapeadas na estrutura do PB2 (Fig. 2). De um modo geral, verificou-se que as principais regiões funcionais do PB2 são altamente conservadas e consistem em vários resíduos com uma pontuação de 0,95 ou superior. Isto inclui os resíduos N-terminais 1-37 que formam três a-hélices curtas que compreendem a interface de ligação PB1 necessária para a atividade eficaz da polimerase (Sugiyama et al., 2009). O domínio de ligação do tampão mGTP (318-482) também está bem conservado, embora com resíduos moderadamente conservados nas posições 339, 340, 453 e 456. Verificou-se que a substituição de Lys339 por Thr339 em certos subtipos impede a ligação do grupo fosfato do mRNA com capa de mGTP, reduzindo a síntese de RNA e regulando assim a atividade de PB2 (Liu et al., 2013). Val414, Arg415 e Gly416 são altamente conservados e são necessários para a interação PB2-acetil-CoA para manter a atividade de transcrição (Hatakeyama et al., 2014). Sugere-se que a região do laço 424 tenha um papel alostérico na regulação da atividade de PB1, enquanto se espera que outros resíduos conservados contribuam para a dobra estruturalmente distinta dos domínios, o que permite a formação de contactos intermoleculares específicos para a atividade de ligação do tampão mGTP (Guilligay et al., 2008). Os segmentos 1-269 e 580-683, que se sabe serem capazes de ligar a nucleoproteína (NP) (Poole et al., 2004), também consistem em longos troços de resíduos conservados, como Ser592-Thr612. Verificou-se que um total de 42 aminoácidos estavam 100% conservados e poderiam, por conseguinte, ser os mais resistentes a alterações devido à adaptação evolutiva do vírus. Isto inclui Leu744, localizado numa região de laço exposta à superfície, e Gly693, que sugerimos serem resíduos-chave na região NLS devido à sua elevada conservação, permitindo a entrada nuclear de PB2 a partir do citoplasma através da ligação à importina-a. Outras regiões altamente conservadas com funções não atribuídas identificadas neste trabalho podem ser de interesse no que respeita à descoberta de medicamentos antivirais.

Um nível intermédio de conservação para o resíduo específico do hospedeiro na posição 627 foi refletido no alinhamento com uma pontuação de conservação de 0,885. Devido ao facto de a maioria das sequências ser de hospedeiros aviários, o ácido glutâmico foi o resíduo predominante com base na sequência de consenso. Embora uma gama de resíduos de aminoácidos possa ser tolerada na posição 627, demonstrada por mutagénese (Chin et al., 2014), a mutação E627K é bem conhecida por determinar a virulência, aumentando a atividade da polimerase e a replicação em mamíferos. Pensa-se que este exemplo de adaptação ao hospedeiro se deve ao facto de o ácido glutâmico ser capaz de se ligar à versão aviária do fator ANP32A da célula hospedeira; enquanto a substituição por lisina permite que a polimerase se ligue à versão mamífera deste fator hospedeiro (Long et al., 2016; Moncorgé et al., 2010). . No entanto, alguns vírus aviários portadores da variante E627 podem replicar-se eficazmente em células de mamíferos devido a mutações compensatórias encontradas na proteína PB1 das estirpes H5N1 (Xu et al., 2012). Um estudo de mutação do domínio 627 também identificou resíduos específicos conservados como sendo essenciais para a atividade geral da PB2 (Arg597, Pro620, Phe621, Arg646 e Arg650), bem como resíduos não essenciais como Pro625, Pro626 e Gln628, que também são altamente conservados (Kirui et al., 2014). Além disso, a carga positiva do altamente conservado Arg630 (na presença de NP R150), ou Lys627 promove a interação PB2-NP, que é essencial para que o complexo ribonucleoproteína forneça manutenção estrutural e regule a transcrição viral (Labadie et al., 2007; Ng et al., 2012).

A conservação baixa (pontuação inferior a 0,85) ou moderada foi identificada principalmente em posições de um único aminoácido, como 64, 107, 147, 271, 292, 453, 483, 559, 588, 590, 591, 613, 661 e 676. A pontuação de conservação mais baixa foi de 0,789 na posição 147. Os resíduos nessas posições estão todos localizados na superfície externa da proteína (Fig. 2 (b)), o que é consistente com a descoberta de que os resíduos de superfície evoluem mais rapidamente do que aqueles no núcleo da proteína (Warren et al., 2013). Verificou-se que mutações adaptativas em Ala271, Arg591 e Ser590 aumentam a atividade da polimerase e a replicação do vírus em mamíferos (Bussey et al., 2010; Mehle e Doudna, 2009; Yamada et al., 2010). As restantes posições não conservadas com efeitos de mutação não caracterizados podem também estar associadas à determinação da gama de hospedeiros, à virulência, à localização celular de PB2 ou a nenhuma função específica. Adicionalmente, um estudo de conservação da proteína PA da gripe demonstrou que os resíduos classificados como não conservados podem, de facto, ser biologicamente importantes e que os resíduos funcionais nem sempre são conservados (Wu et al., 2015), o que também poderá ser o caso do PB2. Os resíduos vizinhos de posições menos conservadas foram geralmente considerados altamente conservados, assim como 16% dos resíduos localizados no interior da proteína. A sua variabilidade restrita é presumivelmente essencial para manter a estrutura da proteína, em particular os subdomínios.

O conjunto de dados de sequências de proteínas analisado contém duas sequências isoladas de morcegos (incluindo a estirpe H17N10 para a qual foi resolvida uma estrutura cristalina, PDB ID: 4WSB), que são visivelmente diferentes da sequência de consenso. As sequências de proteínas da gripe isoladas de morcegos mostraram uma menor semelhança global com sequências de outros hospedeiros (Tong et al., 2013). Apesar destas diferenças, a sequência H17N10 para a PB2 permanece evolutivamente próxima das estirpes humanas e aviárias (Pflug et al., 2014) e, por conseguinte, é pouco provável que resulte em diferenças estruturais importantes.

4.3.2. Modelação da estrutura das proteínas

A sequência PB2 de um isolado humano H5N1, para o qual existe um fragmento estrutural N-terminal (PDB ID: 3L56), foi utilizada para construir um modelo estrutural completo utilizando o servidor de modelação I-TASSER (Yang e Zhang, 2015; Zhang, 2008). Esta sequência foi modelada por ser de um vírus isolado de um hospedeiro humano, enquanto a estrutura PB2 de comprimento total existente é de um vírus de morcego H17N10. O modelo tinha uma pontuação de modelação de modelos (TM) de 0,92 e foi largamente construído com base neste modelo H17N10 (PDB ID: 4WSB, cadeia C). As coordenadas do modelo foram substituídas pelo fragmento N-terminal 3L56 e depois refinadas por minimização de energia. O fragmento 3L56 é estruturalmente muito semelhante ao H17N10, com um RMSD de espinha dorsal de 1,05 Å, justificando a abordagem de utilização da estrutura do bastão H17N10 como modelo para a modelação da estrutura da sequência completa do H5N1 PB2. O alinhamento das duas sequências que cobrem partes da cadeia polipeptídica no sítio-alvo do rastreio virtual é apresentado na Fig. 3. A percentagem global de identidade entre as duas sequências completas é de 68%, calculada utilizando a matriz de percentagem de identidade Clustal2.1, o que implica que a sequência H17N10 é um modelo adequado.

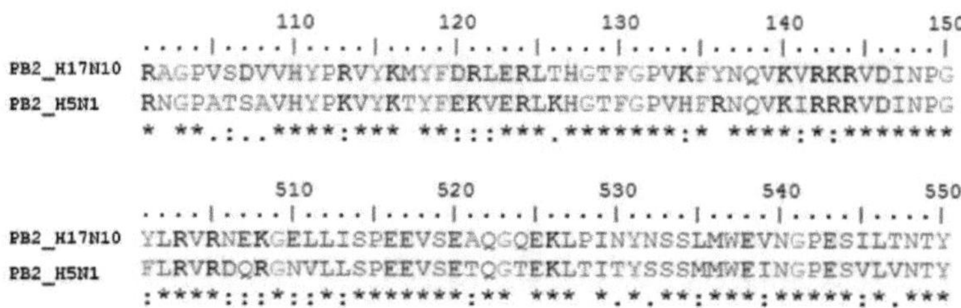

Figura 4-3: *Alinhamento das sequências PB2 H5N1 (A/Viet Nam/1203/2004) e H17N10 (A/morcego-de-costas-amarelas/Guatemala/060/2010) da região 101-150 e 501-550 que abrange o sítio-alvo para o rastreio virtual. Um asterisco indica resíduos de aminoácidos idênticos, dois pontos indica uma forte semelhança e um ponto indica uma fraca semelhança.*

4.3.3. Pontos quentes previstos para a ligação do ligando

Quinze pontos quentes de ligação de ligandos que representam regiões favoráveis de ligação com pequenas moléculas orgânicas foram previstos utilizando o servidor Web FTMap em diferentes domínios da proteína; muitos dos quais estavam localizados em áreas altamente conservadas. As localizações dos dez principais pontos quentes de ligação são apresentadas na Fig. 4. As regiões de ligação mais acessíveis à superfície são os pontos três, quatro, cinco, nove, seis, sete, oito, catorze e quinze. Os pontos quentes dois, onze, doze e dez parecem estar parcialmente enterrados quando se visualiza a estrutura numa representação espacial, sendo os pontos um e treze os menos expostos à superfície exterior da proteína. No entanto, com base em informações estruturais anteriores relatadas e na flexibilidade das subunidades da polimerase viral em geral (Reich et al., 2014; Thierry et al., 2016), a acessibilidade da superfície de alguns destes pontos quentes de ligação pode mudar aquando da formação do trímero ou da rotação do subdomínio. O alinhamento estrutural da nossa estrutura H5N1 PB2 com 4WSB (cadeia C) sugere que a acessibilidade destes locais não seria afetada, uma vez que não são diretamente bloqueados por PA/PB1 em complexo. Considerando que configurações alternativas do heterotrímero (revisto por Pflug, Lukarska, Resa-Infante, Reich, & Cusack, (2017)) mostraram que, dependendo do promotor de ARN ligado, os domínios PB2 de ligação à tampa, 627 e NLS podem existir em vários estados nas polimerases de influenza B e C. Isto sugere que a acessibilidade de todos os pontos quentes (exceto seis, nove, dez e treze, que não estão localizados nestes domínios) pode mudar.

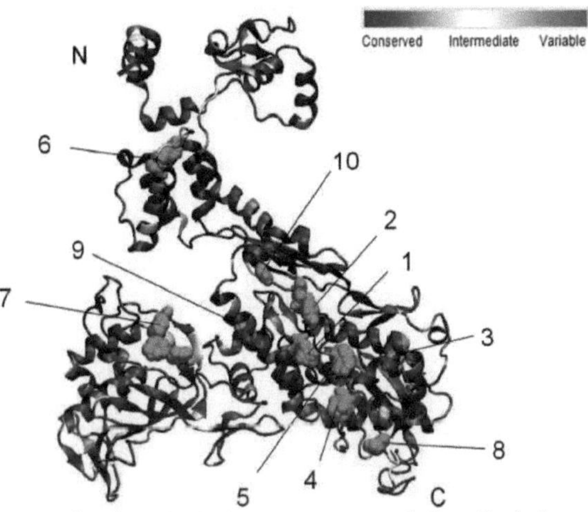

Figura 3-4: *Localizações dos dez principais pontos quentes de ligação de ligandos (esferas verdes) identificados pelo algoritmo FTMap mostrados juntamente com o grau de conservação da sequência PB2 na estrutura PB2 do H5N1.*

Os pontos sete, catorze e quinze estão agrupados formando o sítio de ligação conservado da tampa do mGTP; e considerando a importância funcional desta região, a baixa classificação atribuída é provavelmente devido à afinidade pelas moléculas de RNA altamente carregadas, que não são bem representadas pela biblioteca de solventes orgânicos utilizados na docagem com o algoritmo FTmap. No entanto, estes pontos estão próximos do local de ligação para os inibidores identificados por Clark *et al.,* (2014) (derivados de metilguanina) e Pautus *et al.,* (2013) e consistem em resíduos envolvidos em ligações de hidrogénio. Verificou-se que o maior número de sondas diferentes se ligava ao ponto quente um, o que indica que esta área tem um bom potencial de ligação com uma variedade de grupos funcionais. Os aminoácidos que circundam os pontos um, sete, catorze e quinze não estão envolvidos na formação do heterotrimer e estão localizados em posições separadas das interações das subunidades PA/PB1. O ponto seis é o único localizado no terço N-terminal e pode estar implicado na associação de trímeros. O ponto três está próximo (dentro de ~6,0Å) do resíduo Val613, conservado de forma intermédia. A região que engloba o ponto quente dois foi selecionada como local alvo para a acoplagem, uma vez que os resíduos que rodeiam este ponto quente apresentam uma elevada conservação, pelo que é menos provável que sofram mutações. Além disso, este ponto quente é o segundo classificado, uma vez que se previu que vários tipos de sondas diferentes se ligariam a este local, o que sugere que se trata de um local importante da proteína (Brenke et al., 2009), e que este local não foi anteriormente alvo de experiências de rastreio virtual. Em relação à estrutura e função de PB2, os resíduos que rodeiam este ponto podem estar associados à rotação do domínio C-terminal ou contribuir para interações com PB1.

4.3.3. *Seleção virtual - avaliação comparativa*

Foi efectuado um rastreio virtual de referência em relação ao local de ligação do ARN com tampa do mGTP. Foi testada a capacidade do software de acoplamento para identificar cinco inibidores conhecidos entre as 10 melhores previsões de 180 compostos com peso molecular semelhante. Os resultados mostraram que o AutoDock Vina, por si só, e uma combinação com o AutoDock4 foram o melhor método para recuperar compostos inibidores activos do PB2 nas posições de topo da lista de classificação, uma vez que ambos os métodos foram capazes de identificar um inibidor (Quadro 1). Por uma questão de simplicidade, foi utilizado o software AutoDock Vina para o rastreio do local-alvo da PB2. As afinidades de ligação dos compostos de ensaio utilizando o Autodock Vina variaram entre -7,4 kcal/mol e -4,5 kcal/mol e entre -7,4 kcal/mol e -2,9 kcal/mol com o AutoDock4.

Quadro 4-1. *Resultados da avaliação comparativa de três softwares de acoplamento para triagem virtual*

Docking software	Number of true ligands found	binding affinity of ligand (kcal/mol)
AutoDock Vina	1	-7.4
AutoDock 4	0	
AutoDock Vina & AutoDock 4	1	-7.4 & -6.0

4.3.5. Rastreio virtual - sítio-alvo do PB2

As afinidades de ligação de 46.926 compostos da biblioteca NCI analisados contra o local-alvo em torno do ponto quente dois (Fig. 4) variaram entre -10,3 kcal/mol e +13,7 kcal/mol. Previu-se que uma grande proporção de compostos se ligaria entre -5,0 kcal/mol e -7,0 kcal/mol. Os compostos de Pan Assay Interference (PAINS), que aparecem frequentemente em bioensaios e são considerados como compostos de rastreio problemáticos (Baell e Holloway, 2010), foram retirados da lista de classificação para aumentar a fiabilidade das previsões. Os 75 melhores resultados (material suplementar, Tabela S1) tinham afinidades de ligação inferiores a -9,0 kcal/mol e eram todos compostos aromáticos. Alguns dos principais resíduos de aminoácidos que interagem com os dez principais compostos através de ligações de hidrogénio e interações hidrofóbicas incluem: Gln138, Gly222, Ile529, Ile539, Asn540, Gly541, Tyr531 e Thr530; todos eles altamente conservados. As conformações de ligação previstas mostram que alguns destes compostos se ligam parcialmente dentro de uma bolsa profunda formada por estes resíduos (Fig. 5).

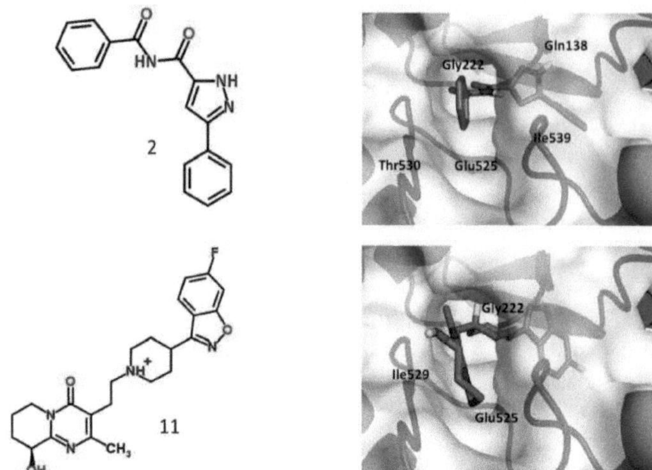

Figura 4-5: *Modelos de acoplamento dos compostos de maior sucesso que visam a proteína PB2: ZINC05543024 (2) e paliperidona (11) identificados por rastreio virtual utilizando o AutoDock Vina. Os resíduos de PB2 que interagem estão marcados.*

O composto 1 (ZINC01617371) forma contactos hidrofóbicos com dezoito resíduos e uma única ligação de hidrogénio com Ile529 a uma distância de 3,12Â. O composto dobra-se em torno da região da ansa 531-541, fazendo com que o anel fenílico e o grupo nitrilo fiquem totalmente enterrados na proteína; o grupo metilo na outra extremidade fica exposto à superfície. Também os três grupos aromáticos do composto 4 (ZINC03954617) formam ligações de hidrogénio com Gly222, Gln241 e Ile529 e estão rodeados por onze resíduos que formam contactos hidrofóbicos. Os dez principais compostos partilham a estrutura comum de um grupo aromático numa ou em ambas as extremidades (Fig. 6), ocupando a bolsa de ligação numa orientação semelhante à do composto 2 (Fig. 5), apoiada por interações de van der Waals e electrostáticas entre átomos. A ligação de compostos pode ter significado biológico ou funcional no que diz respeito às interações da proteína hospedeira com PB2, ou interferir com a montagem do trímero, restringindo ou induzindo mudanças de conformação e síntese de ARN (Thierry et al., 2016); os ligandos previstos no presente estudo poderiam servir como ferramentas para investigar tais funções.

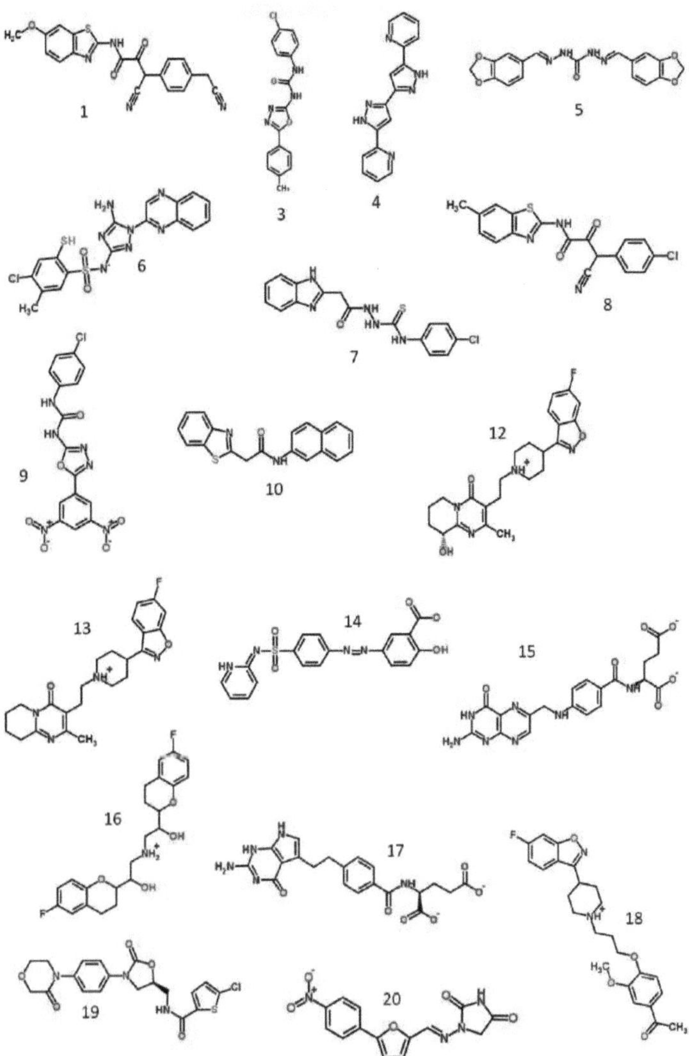

Figura 4-6: Estruturas químicas dos compostos de maior sucesso previstos da biblioteca do NCI e do DrugBank. Os números correspondem à identificação ZINC indicada na tabela 2.

A biblioteca Approved DrugBank, que contém 1738 medicamentos de pequenas moléculas aprovados pela FDA, também foi analisada em relação ao mesmo local-alvo, a fim de encontrar quaisquer medicamentos aprovados que também possam ter como alvo a proteína PB2. As afinidades de ligação variaram entre -10,0 kcal/mol e

+53,8 kcal/mol, prevendo-se que a maior parte dos compostos se ligasse entre -5,0 kcal/mol e -7,0 kcal/mol. Nenhum dos medicamentos aprovados tinha uma afinidade de ligação prevista significativamente mais forte do que o composto melhor classificado da biblioteca NCI; contudo, o medicamento melhor classificado, a paliperidona (ZINC04214700), tinha a mesma afinidade de ligação que três compostos da biblioteca NCI classificados nas dez primeiras posições. A estrutura química e os modelos de acoplamento de um composto de topo de ambas as bibliotecas são apresentados na Fig. 5. O átomo de azoto do anel central de piridina da paliperdona consegue formar uma ligação de hidrogénio com o átomo de oxigénio de Glu241, e o complexo fármaco-proteína é mantido através de contactos hidrofóbicos com dezasseis resíduos circundantes do local-alvo. A paliperidona liga-se aos receptores da dopamina e da serotonina, embora o mecanismo de ação exato não seja conhecido (revisto em Corena-McLeod, (2015)). A paliperidona é aprovada pela FDA para o tratamento da esquizofrenia e perturbações relacionadas. Os resultados deste estudo podem ser úteis para reorientar este fármaco ou os seus derivados para o tratamento da infeção por gripe. As propriedades químicas dos compostos identificados como os melhores resultados do rastreio de ambas as bibliotecas estão enumeradas no Quadro 2, em que os números entre parêntesis se referem às estruturas químicas apresentadas na Fig. 6. Estes compostos podem ter uma tendência para se ligarem e bloquearem outras proteínas virais que apresentem uma estrutura e propriedades semelhantes às do local-alvo da PB2.

Tabela 4-2. *Propriedades químicas e afinidade de ligação (ΔG) dos compostos de maior sucesso previstos, identificados a partir do rastreio virtual da biblioteca NCI e DrugBank obtida a partir da base de dados ZINC. As propriedades incluem a massa molecular (Mol M), o coeficiente de partição previsto (xLogP), o número de dadores e aceitadores de ligações de hidrogénio, os locais hidrofóbicos e a área de superfície polar total (tPSA) a pH7.*

Compound (ZINC ID)	ΔG (Kcal/mol)	Mol M (g/mol)	xLogP	H-bond donors	H-bond acceptors	Hydrophobic sites	tPSA (Å^2)
NCI library							
ZINC01617371 (1)	-10.3	390.42	2.69	1	7	4	115
ZINC05543024 (2)	-10.2	291.31	2.46	2	3	3	74
ZINC01612458 (3)	-10.1	328.76	4.26	2	6	5	80
ZINC03954617 (4)	-10.1	288.31	1.31	2	6	4	83
ZINC01040450 (5)	-10.0	354.32	3.46	2	9	2	103
ZINC08651894 (6)	-10.0	446.93	3.18	2	9	6	131
ZINC13212434 (7)	-10.0	359.84	2.51	4	6	5	82
ZINC01624487 (8)	-9.9	369.83	3.80	1	5	5	82
ZINC01612446 (9)	-9.8	404.73	3.66	2	12	4	171
ZINC01614027 (10)	-9.8	318.40	4.27	1	3	4	41
DrugBank library							
ZINC04214700 (11)	-10.0	427.50	1.97	2	7	6	86
ZINC01481956 (12)	-9.9	427.50	1.97	2	7	6	85
ZINC00538312 (13)	-9.4	411.50	2.96	1	6	6	65
ZINC13540266 (14)	-9.4	397.39	4.08	2	9	3	147
ZINC18456289 (15)	-9.4	439.39	-2.37	5	13	3	219
ZINC05844788 (16)	-9.0	406.45	3.10	4	5	4	75
ZINC01851132 (17)	-8.9	425.40	-1.53	5	11	3	197
ZINC01548097 (18)	-8.8	427.50	3.95	1	6	7	66
ZINC03964126 (19)	-8.8	435.89	2.53	1	8	3	88
ZINC02568036 (20)	-8.7	314.26	1.75	1	9	2	121

4.4. Conclusão

Este trabalho identificou potenciais locais de ligação de elevada conservação que poderiam ser investigados mais aprofundadamente para identificar novas interações entre a PB2 e outras proteínas e/ou metabolitos celulares. Além disso, previu-se que os compostos semelhantes a fármacos se ligam com forte afinidade a uma região da proteína PB2 constituída por resíduos altamente conservados que não foram visados noutros estudos. Os compostos previstos poderiam servir como ferramentas laboratoriais para investigar as funções da PB2 e/ou ser desenvolvidos como antivirais. Devido à baixa probabilidade de a região visada sofrer alterações genéticas entre diferentes subtipos de vírus e hospedeiros, esses compostos antivirais podem permanecer viáveis a longo prazo como inibidores universais da gripe.

Agradecimentos

Este trabalho foi financiado pela School of Life and Medical Sciences, Universidade de Hertfordshire e utilizou as instalações de computação de alto desempenho da Universidade de Hertfordshire. Agradecemos a Jamie Stone pela assistência técnica.

Abreviaturas

proteína básica da polimerase 2, PB2; proteína básica da polimerase 1, PB1; polimerase ácida, PA; compostos de interferência do ensaio pan, PAINS; Instituto Nacional do Cancro, NCI; Centro Nacional de Informação Biotecnológica, NCBI; nucleoproteína, NP; trifosfato de metilguanosina, mGTP, NLS; sinalização de localização nuclear

Referências

Baell, J.B., Holloway, G.A., 2010. Novos Filtros de Subestrutura para Remoção de Compostos de Interferência de Ensaio de Pan (PAINS) de Bibliotecas de Triagem e para sua Exclusão em Bioensaios. J. Med. Chem. 53, 2719-2740. doi:10.1021/jm901137j

Bao, Y., Bolotov, P., Dernovoy, D., Kiryutin, B., Zaslavsky, L., Tatusova, T., Ostell, J., Lipman, D., 2008. O recurso do vírus da gripe no Centro Nacional de Informação Biotecnológica. J. Virol. 82, 596-601. doi:10.1128/JVI.02005-07

Bouvier, N.M., Palese, P., 2008. A biologia dos vírus da gripe. Vaccine 26 Suppl 4, D49-53.

Boyd, M.J., Bandarage, U.K., Bennett, H., Byrn, R.R., Davies, I., Gu, W., Jacobs, M., Ledeboer, M.W., Ledford, B., Leeman, J.R., Perola, E., Wang, T., Bennani, Y., Clark, M.P., Charifson, P.S., 2015. Substituições isostéricas do ácido carboxílico do candidato a medicamento VX-787: Efeito da carga na potência antiviral e na atividade cinase dos inibidores de PB2 da gripe à base de azaindole. Bioorg. Med. Chem. Lett. 25, 1990-4. doi:10.1016/j.bmcl.2015.03.013

Brenke, R., Kozakov, D., Chuang, G.Y., Beglov, D., Hall, D., Landon, M.R., Mattos, C., Vajda, S., 2009. Identificação baseada em fragmentos de "pontos quentes" de proteínas farmacológicas utilizando técnicas de correlação do domínio de Fourier. Bioinformatics 25, 621627. doi :10.1093/bioinformatics/btp03 6

Bussey, K.A., Bousse, T.L., Desmet, E.A., Kim, B., Takimoto, T., 2010. O resíduo PB2 271 desempenha um papel fundamental na atividade de polimerase melhorada dos vírus da gripe A em células hospedeiras de mamíferos. J. Virol. 84, 4395-406. doi:10.1128/JVI.02642-09

Chambers, B.S., Parkhouse, K., Ross, T.M., Alby, K., Hensley, S.E., 2015. Identificação de resíduos de hemaglutinina responsáveis pela deriva antigênica H3N2 durante a temporada de influenza 2014-2015. Cell Rep. 12, 1-6. doi:10.1016/j.celrep.2015.06.005

Chin, A.W.H., Li, O.T.W., Mok, C.K.P., Ng, M.K.W., Peiris, M., Poon, L.L.M., 2014. Os vírus da gripe A com diferentes resíduos de aminoácidos em PB2-627 apresentam propriedades de replicação distintas in vitro e in vivo: revelando a plasticidade da sequência da posição PB2-627. Virologia 468, 545-555. doi:10.1016/j.virol.2014.09.008

Clark, M.P., Ledeboer, M.W., Davies, I., Byrn, R.A., Jones, S.M., Perola, E., Tsai, A., Jacobs, M., Nti-Addae, K., Bandarage, U.K., Boyd, M.J., Bethiel, R.S., Court, J.J., Deng, H., Duffy, J.P., Dorsch, W.A., Farmer, L.J., Gao, H., Gu, W., Jackson, K., Jacobs, D.H., Kennedy, J.M., Ledford, B., Liang, J., Maltais, F., Murcko, M., Wang, T., Wannamaker, M.W., Bennett, H.B., Leeman, J.R., McNeil, C., Taylor, W.P., Memmott, C., Jiang, M., Rijnbrand, R., Bral, C., Germann, U., Nezami, A.,

Zhang, Y., Salituro, F.G., Bennani, Y.L., Charifson, P.S., 2014. Descoberta de um novo inibidor de azaindole (VX-787) de influenza PB2, de primeira classe e biodisponível por via oral. J. Med. Chem. 57, 6668-6678. doi:10.1021/jm5007275

Corena-McLeod, M., 2015. Farmacologia comparativa de risperidona e paliperidona. Drogas R D 15, 163-174. doi: 10.1007 / s40268-015-0092-x

Das, K., Aramini, J.M., Ma, L.-C., Krug, R.M., Arnold, E., 2010. Structures of influenza A proteins and insights into antiviral drug targets (Estruturas das proteínas da gripe A e perspectivas sobre alvos de medicamentos antivirais). Nat. Struct. Mol. Biol. 17, 530-538.

Delaforge, E., Milles, S., Bouvignies, G., Bouvier, D., Boivin, S., Salvi, N., Maurin, D., Martel, A., Round, A., Lemke, E.A., Ringkjobing Jensen, M., Hart, D.J., Blackledge, M., 2015. A dinâmica conformacional em grande escala controla a ligação da polimerase PB2 da gripe H5N1 à Importina a. J. Am. Chem. Soc. 137, 15122-15134. doi:10.1021/jacs.5b07765

Fodor, E., 2013. A RNA polimerase do vírus da gripe A: mecanismos de transcrição e replicação viral. Ata Virol. 57, 113-122. doi:10.4149/av

Guilligay, D., Tarendeau, F., Resa-Infante, P., Coloma, R., Crepin, T., Sehr, P., Lewis, J., Ruigrok, R.W., Ortin, J., Hart, D.J., Cusack, S., 2008. A base estrutural para a ligação da tampa pela subunidade PB2 da polimerase do vírus da gripe. Nat. Struct. Mol. Biol. 15, 500-506. doi:10.1038/nsmb.1421

Harper, S.A., Bradley, J.S., Englund, J.A., File, T.M., Gravenstein, S., Hayden, F.G., McGeer, A.J., Neuzil, K.M., Pavia, A.T., Tapper, M.L., Uyeki, T.M., Zimmerman, R.K., 2009. Seasonal Influenza in Adults and Children-Diagnosis, Treatment, Chemoprophylaxis, and Institutional Outbreak Management: Diretrizes de Prática Clínica da Sociedade de Doenças Infecciosas da América. Clin. Infect. Dis. 48, 1003-1032. doi:10.1086/598513

Hatakeyama, D., Shoji, M., Yamayoshi, S., Hirota, T., Nagae, M., Yanagisawa, S., Nakano, M., Ohmi, N., Noda, T., Kawaoka, Y., Kuzuhara, T., 2014. Um novo local funcional na subunidade PB2 do vírus da gripe A essencial para a interação acetil-CoA, atividade da RNA polimerase e replicação viral. J. Biol. Chem. 289, 24980-94. doi:10.1074/jbc.M114.559708

Hayden, F.G., De Jong, M.D., 2011. Ameaças emergentes de resistência aos antivirais da gripe. J. Infect. Dis. 203, 6-10. doi:10.1093/infdis/jiq012

Huang, Y., Niu, B., Gao, Y., Fu, L., Li, W., 2010. CD-HIT Suite: um servidor Web para agrupamento e comparação de sequências biológicas. Bioinformatics 26, 680-2. doi: 10.1093/bioinformatics/btq003

Kirui, J., Bucci, M.D., Poole, D.S., Mehle, A., 2014. As caraterísticas conservadas do domínio PB2 627 têm impacto na função e replicação da polimerase do vírus da gripe. J. Virol. 88, 5977-86. doi:10.1128/JVI.00508-14

Kukol, A., 2011. Abordagens de rastreio virtual de consenso para prever ligandos de proteínas. Eur. J. Med. Chem. 46, 4661-4664. doi:10.1016/j.ejmech.2011.05.026

Kuzuhara, T., Kise, D., Yoshida, H., Horika, T., Murazaki, Y., Nishimura, A., Echigo, N., Utsunomiya, H., Tsuge, H., 2009. Base estrutural do domínio de ligação ao ARN da RNA polimerase PB2 do vírus da gripe A que contém o resíduo de lisina 627 determinante da patogenicidade. J. Biol. Chem. 284, 6855-6860. doi:10.1074/jbc.C800224200

Labadie, K., Dos Santos Afonso, E., Rameix-Welti, M.-A., van der Werf, S., Naffakh, N., 2007. Os determinantes da gama de hospedeiros na proteína PB2 dos vírus da gripe A controlam a interação entre a polimerase viral e a nucleoproteína nas células humanas. Virology 362, 271-282. doi:10.1016/j.virol.2006.12.027

Lagorce, D., Sperandio, O., Baell, J.B., Miteva, M.A., Villoutreix, B.O., 2015. FAF-Drugs3: Um servidor web para cálculo de propriedades de compostos e design de bibliotecas químicas. Nucleic Acids Res. 43. doi:10.1093/nar/gkv353

Laskowski, R.A., Swindells, M.B., 2011. LigPlot+: Diagramas múltiplos de interação ligando-proteína para a descoberta de medicamentos. J. Chem. Inf. Model. 51,

2778-2786. doi:10.1021/ci200227u

Law, V., Knox, C., Djoumbou, Y., Jewison, T., Guo, A.C., Liu, Y., Maciejewski, A., Arndt, D., Wilson, M., Neveu, V., Tang, A., Gabriel, G., Ly, C., Adamjee, S., Dame, Z.T., Han, B., Zhou, Y., Wishart, D.S., 2014. DrugBank 4.0: lançando uma nova luz sobre o metabolismo das drogas. Nucleic Acids Res. 42, D1091-7. doi:10.1093/nar/gkt1068

Liu, Y., Qin, K., Meng, G., Zhang, J., Zhou, J., Zhao, G., Luo, M., Zheng, X., 2013. Caracterização estrutural e funcional da substituição K339T identificada na bolsa de ligação à tampa da subunidade PB2 do vírus da gripe A. J. Biol. Chem. 288, 1101311023. doi:10.1074/jbc.M112.392878

Long, J.S., Giotis, E.S., Moncorgé, O., Frise, R., Mistry, B., James, J., Morisson, M., Iqbal, M., Vignal, A., Skinner, M.A., Barclay, W.S., 2016. A diferença de espécies na ANP32A está subjacente à restrição do hospedeiro da polimerase do vírus da gripe A. Natureza 529, 101-104. doi:10.1038/natureza16474

Mehle, A., Doudna, J.A., 2009. Estratégias adaptativas da polimerase do vírus da gripe para replicação em humanos. Proc. Natl. Acad. Sci. U. S. A. 106, 21312-6. doi:10.1073/pnas.0911915106

Moncorgé, O., Mura, M., Barclay, W.S., 2010. Evidência de factores de células hospedeiras aviárias e humanas que afectam a atividade da polimerase do vírus da gripe. J. Virol. 84, 9978-86. doi:10.1128/JVI.01134-10

Morris, G., Huey, R., 2009. AutoDock4 e AutoDockTools4: Acoplamento automatizado com flexibilidade selectiva do recetor. J. Comput. Chem. 30, 2785-2791. doi:10.1002/jcc.21256.AutoDock4

Naesens, L., Stevaert, A., Vanderlinden, E., 2016. Terapias antivirais no horizonte para a gripe. Curr. Opin. Pharmacol. 30, 106-115. doi:10.1016/j.coph.2016.08.003

Neumann, G., Kawaoka, Y., 2015. Transmissão do vírus da gripe A. Virology 479-480, 234-46. doi:10.1016/j.virol.2015.03.009

Ng, A.K.-L., Chan, W.-H., Choi, S.-T., Lam, M.K.-H., Lau, K.-F., Chan, P.K.-S., Au, S.W.-N., Fodor, E., Shaw, P.-C., 2012. A atividade da polimerase da gripe está correlacionada com a força da interação entre a nucleoproteína e a PB2 através do resíduo específico do hospedeiro K/E627. PLoS One 7, e36415. doi:10.1371/journal.pone.0036415

O'Boyle, N.M., Banck, M., James, C.A., Morley, C., Vandermeersch, T., Hutchison, G.R., 2011. Open Babel: Uma caixa de ferramentas química aberta. J. Cheminform. 3, 33. doi:10.1186/1758-2946-3-3-33

Patel, H., Kukol, A., 2016. Descobertas recentes de locais-alvo de medicamentos contra a gripe A para combater a replicação do vírus. Biochem. Soc. Trans. 44, 932-936.
doi:10.1042/BST20160002

Pautus, S., Sehr, P., Lewis, J., Fortune, A., Wolkerstorfer, A., Szolar, O., Guilligay, D., Lunardi, T., De, J., Cusack, S., 2013. Novos derivados de 7 □ metilguanina visando o domínio de ligação à tampa da polimerase PB2 da gripe. J. Med. Chem. 56, 8915-8930.

Pflug, A., Guilligay, D., Reich, S., Cusack, S., 2014. Estrutura da polimerase da gripe A ligada ao promotor de RNA viral. Natureza 516, 355-60.
doi:10.1038/natureza14008

Pflug, A., Lukarska, M., Resa-Infante, P., Reich, S., Cusack, S., 2017. Insights estruturais sobre a síntese de RNA pela máquina de replicação de transcrição do vírus influenza. Virus Res. doi:10.1016/j.virusres.2017.01.013

Poole, E., Elton, D., Medcalf, L., Digard, P., 2004. Domínios funcionais da proteína PB2 do vírus da gripe A: identificação dos sítios de ligação NP- e PB1. Virology 321, 120-33. doi:10.1016/j.virol.2003.12.022

Reich, S., Guilligay, D., Pflug, A., Malet, H., Berger, I., Crépin, T., Hart, D., Lunardi, T., Nanao, M., Ruigrok, R.W.H., Cusack, S., 2014. Visão estrutural da síntese de capsnatching e RNA pela polimerase da gripe. Natureza 516, 361-6. doi :10.1038/natureza 14009

Reperant, L.A., Kuiken, T., Osterhaus, A.D.M.E., 2012. Vias adaptativas dos vírus da gripe zoonótica: da exposição ao estabelecimento em humanos. Vaccine 30, 4419-34. doi:10.1016/j.vaccine.2012.04.049

Samson, M., Pizzorno, A., Abed, Y., Boivin, G., 2013. Resistência do vírus da gripe aos inibidores da neuraminidase. Antiviral Res. 98, 174-85. doi:10.1016/j.antiviral.2013.03.014

Sievers, F., Higgins, D.G., 2014. Clustal omega. Curr. Protoc. Bioinformatics 48, 3.13.1-3.13.16. doi:10.1002/0471250953.bi0313s48

Sugiyama, K., Obayashi, E., Kawaguchi, A., Suzuki, Y., Tame, J.R.H., Nagata, K., Park, S.-Y., 2009. Perspetiva estrutural do contacto essencial da subunidade PB1-PB2 da RNA polimerase do vírus da gripe. EMBO J. 28, 1803-11. doi:10.1038/emboj.2009.138

Taubenberger, J.K., Kash, J.C., 2010. Evolução do vírus da gripe, adaptação do hospedeiro e formação de pandemias. Cell Host Microbe 7, 440-451. doi:10.1016/j.chom.2010.05.009

Thierry, E., Guilligay, D., Kosinski, J., Bock, T., Gaudon, S., Round, A., Pflug, A., Hengrung, N., El Omari, K., Baudin, F., Hart, D.J., Beck, M., Cusack, S., 2016. A polimerase da gripe pode adotar uma configuração alternativa que envolve um reempacotamento radical de domínios PB2. Mol. Cell 61, 125-137. doi:10.1016/j.molcel.2015.11.016

Tong, S., Zhu, X., Li, Y., Shi, M., Zhang, J., Bourgeois, M., Yang, H., Chen, X., Recuenco, S., Gomez, J., Chen, L.-M., Johnson, A., Tao, Y., Dreyfus, C., Yu, W., McBride, R., Carney, P.J., Gilbert, A.T., Chang, J., Guo, Z., Davis, C.T., Paulson,

J.C., Stevens, J., Rupprecht, C.E., Holmes, E.C., Wilson, I.A., Donis, R.O., 2013. Os morcegos do Novo Mundo abrigam diversos vírus da gripe A. PLoS Pathog. 9, e1003657. doi:10.1371/journal.ppat.1003657

Trott, O., Olson, A., 2010. AutoDock Vina: Melhorar a velocidade e a precisão da acoplagem com uma nova função de pontuação, otimização eficiente e multithreading. J. Comput. Chem. 31, 455-461. doi:10.1002/jcc.21334.AutoDock

Valdar, W.S.J., 2002. Pontuação da conservação de resíduos. Proteínas Struct. Funct. Genet. 48, 227-241. doi:10.1002/prot.10146

Warren, S., Wan, X.F., Conant, G., Korkin, D., 2013. Conservação evolutiva extrema de regiões funcionalmente importantes no proteoma da gripe H1N1. PLoS One 8, 1-14. doi:10.1371/journal.pone.0081027

Waterhouse, A.M., Procter, J.B., Martin, D.M.A., Clamp, M., Barton, G.J., 2009. Jalview AVersion 2 - um editor de alinhamento de sequências múltiplas e uma bancada de análise. Bioinformatics 25, 1189-91. doi:10.1093/bioinformatics/btp033

Wu, N.C., Olson, C.A., Du, Y., Le, S., Tran, K., Remenyi, R., Gong, D., Al-Mawsawi, L.Q., Qi, H., Wu, T.T., Sun, R., 2015. O perfil de restrição funcional de uma proteína viral revela a discordância da conservação evolutiva e da funcionalidade. PLoS Genet. 11, 1-27. doi:10.1371/journal.pgen.1005310

Xu, C., Hu, W.-B., Xu, K., He, Y.-X., Wang, T.-Y., Chen, Z., Li, T.-X., Liu, J.-H., Buchy, P., Sun, B., 2012. Os aminoácidos 473V e 598P de PB1 de um vírus da gripe A de origem aviária contribuem para a atividade da polimerase, especialmente em células de mamíferos. J. Gen. Virol. 93, 531-40. doi:10.1099/vir.0.036434-0

Yamada, S., Hatta, M., Staker, B.L., Watanabe, S., Imai, M., Shinya, K., Sakai-Tagawa, Y., Ito, M., Ozawa, M., Watanabe, T., Sakabe, S., Li, C., Kim, J.H., Myler, P.J., Phan, I., Raymond, A., Smith, E., Stacy, R., Nidom, C.A., Lank, S.M., Wiseman, R.W., Bimber, B.N., O'Connor, D.H., Neumann, G., Stewart,

L.J., Kawaoka, Y., 2010. Caracterização biológica e estrutural de um aminoácido adaptável ao hospedeiro no vírus da gripe. PLoS Pathog. 6, e1001034. doi:10.1371/journal.ppat.1001034

Yang, J., Zhang, Y., 2015. Estrutura da proteína e previsão de função usando I-TASSER. Curr. Protoc. Bioinforma. 52, 5.8.1-15. doi:10.1002/0471250953.bi0508s52

Zhang, Y., 2008. Servidor I-TASSER para a previsão da estrutura 3D de proteínas. BMC Bioinformatics 9, 40. doi:10.1186/1471-2105-9-40